中国重要农业文化遗产系列读本

闵庆文　邵建成　◎丛书主编

山东夏津黄河故道古桑树群

SHANDONG XIAJIN HUANGHE GUDAOGU SANGSHUQUN

闵庆文　王　斌　才玉璞　主编

中国农业出版社

农村读物出版社

图书在版编目（CIP）数据

山东夏津黄河故道古桑树群 / 闵庆文，王斌，才玉璞主编.
—北京：中国农业出版社，2017.8
　（中国重要农业文化遗产系列读本 / 闵庆文，邵建
成主编）
ISBN 978-7-109-22773-6

Ⅰ.①山…　Ⅱ.①闵…②王…③才…　Ⅲ.①树木—研究—
山东　Ⅳ.①S717.252

中国版本图书馆CIP数据核字（2017）第039463号

中国农业出版社出版
（北京市朝阳区麦子店街18号楼）
（邮政编码　100125）
文字编辑　吕睿
责任编辑　程燕

北京中科印刷有限公司印刷　新华书店北京发行所发行
2017年8月第1版　2017年8月北京第1次印刷

开本：710mm×1000mm　1/16　印张：10.25
字数：200千字
定价：49.00元
（凡本版图书出现印刷、装订错误，请向出版社发行部调换）

编写委员会

丛 书 主 编：闵庆文　邵建成

主　　　编：闵庆文　王　斌　才玉璞

副 主 编：刘某承　王耀华　孙雪萍

编　　　委（按姓名笔画排序）：

　　　　　　于晓辉　刘伟玮　刘树文　李正阔

　　　　　　杨春正　张　龙　洪传春　秦一心

　　　　　　童杰洁

丛 书 策 划：宋　毅　刘博浩　张丽四

我国是历史悠久的文明古国，也是幅员辽阔的农业大国。长期以来，我国劳动人民在农业实践中积累了认识自然、改造自然的丰富经验，并形成了自己的农业文化。农业文化是中华五千年文明发展的物质基础和文化基础，是中华优秀传统文化的重要组成部分，是构建中华民族精神家园、凝聚炎黄子孙团结奋进的重要文化源泉。

党的十八大提出，要"建设优秀传统文化传承体系，弘扬中华优秀传统文化"。习近平总书记强调指出，"中华优秀传统文化已经成为中华民族的基因，植根在中国人内心，潜移默化影响着中国人的思想方式和行为方式。今天，我们提倡和弘扬社会主义核心价值观，必须从中汲取丰富营养，否则就不会有生命力和影响力。"云南哈尼族稻作梯田、江苏兴化垛田、浙江青田稻鱼共生系统，无不折射出古代劳动人民吃苦耐劳的精神，这是中华民族的智慧结晶，是我们应当珍视和发扬光大的文化瑰宝。现在，我们提倡生态农业、低碳农业、循环农业，都可以从农业文化遗产中吸收营养，也需要从经历了几千年自然与社会考验的传统农业中汲取经验。实践证明，做好重要农业文化遗产的发掘保护和传承利用，对于促进农业可持续发展、带动遗产地农民就业增收、传承农耕文明，都具有十分重要的作用。

中国政府高度重视重要农业文化遗产保护，是最早响应并积极支持联合国粮农组织全球重要农业文化遗产保护的国家之一。经过十几年工作实践，我国已经初步形成"政府主导、多方参与、分级管理、利益共享"的农业文化遗产保护管理机制，有力地促进了农业文化遗产的挖掘和保护。2005年以来，已有11个遗产地列入"全球重要农业文化遗产名录"，数量名列世界各国之首。中国是第一个开展国家级农业文化遗产认定的国家，是第一个制定农业文化遗产保护管理办法的国家，也是第一个开展全国性农业文化遗产普查的国家。2012年以来，农业部分三批发布了62项"中国重要农业文化遗产"，2016年发布了28项全球重要农业文化遗产预备名单。2015年颁布了《重要农业文化遗产管理办法》，2016年初步普查确定了具有潜在保护价值的传统农业生产系统408项。同时，中国对联合国粮农组织全球重要农业文化遗产保护项目给予积极支持，利用南南合作信托基金连续举办国际培训班，通过APEC、G20等平台及其他双边和多边国际合作，积极推动国际农业文化遗产保护，对世界农业文化遗产保护做出了重要贡献。

当前，我国正处在全面建成小康社会的决定性阶段，正在为实现中华民族伟大复兴的中国梦而努力奋斗。推进农业供给侧结构性改革，加快农业现代化建设，实现农村全面小康，既要借鉴世界先进生产技术和经验，更要继承我国璀璨的农耕文明，弘扬优秀农业文化，学习前人智慧，汲取历史营养，坚持走中国特色农业现代化道路。《中国重要农业文化遗产系列读本》从历史、科学和现实三个维度，对中国农业文化遗产的产生、发展、演变以及农业文化遗产保护的成功经验和做法进行了系统梳理和总结，是对农业文化遗产保护宣传推介的有益尝试，也是我国农业文化遗产保护工作的重要成果。

我相信，这套丛书的出版一定会对今天的农业实践提供指导和借鉴，必将进一步提高全社会保护农业文化遗产的意识，对传承好弘扬好中华优秀文化发挥重要作用！

农业部部长

2017年6月

　　自有人类历史文明以来，勤劳的中国人民运用自己的聪明智慧，与自然共融共存，依山而住、傍水而居，经过一代代努力和积累，创造出了悠久而灿烂的中华农耕文明，成为中华传统文化的重要基础和组成部分，并曾引领世界农业文明数千年，其中所蕴含的丰富的生态哲学思想和生态农业理念，至今对于国际可持续农业的发展依然具有重要的指导意义和参考价值。

　　针对工业化农业所造成的农业生物多样性丧失、农业生态系统功能退化、农业生态环境质量下降、农业可持续发展能力减弱、农业文化传承受阻等问题，联合国粮农组织（FAO）于2002年在全球环境基金（GEF）等国际组织和有关国家政府的支持下，发起了"全球重要农业文化遗产（GIAHS）"项目，以发掘、保护、利用、传承世界范围内具有重要意义的，包括农业物种资源与生物多样性、传统知识和技术、农业生态与文化景观、农业可持续发展模式等在内的传统农业系统。

　　全球重要农业文化遗产的概念和理念甫一提出，就得到了国际社会的广泛响应和支持。截至2014年年底，已有13个国家的31项传统农业系统被列入GIAHS保护名录。经过努力，在2015年6月结束的联合国粮农组织大会上，已明确将GIAHS工作作为一项重要工作，纳入常规预算支持。

中国是最早响应并积极支持该项工作的国家之一，并在全球重要农业文化遗产申报与保护、中国重要农业文化遗产发掘与保护、推进重要农业文化遗产领域的国际合作、促进遗产地居民和全社会农业文化遗产保护意识的提高、促进遗产地经济社会可持续发展和传统文化传承、人才培养与能力建设、农业文化遗产价值评估和动态保护机制与途径探索等方面取得了令世人瞩目的成绩，成为全球农业文化遗产保护的榜样，成为理论和实践高度融合的新的学科生长点、农业国际合作的特色工作、美丽乡村建设和农村生态文明建设的重要抓手。自2005年"浙江青田稻鱼共生系统"被列为首批"全球重要农业文化遗产系统"以来的10年间，我国已拥有11个全球重要农业文化遗产，居于世界各国之首；2012年开展中国重要农业文化遗产发掘与保护，2013年和2014年共有39个项目得到认定，成为最早开展国家级农业文化遗产发掘与保护的国家；重要农业文化遗产管理的体制与机制趋于完善，并初步建立了"保护优先、合理利用，整体保护、协调发展，动态保护、功能拓展，多方参与、惠益共享"的保护方针和"政府主导、分级管理、多方参与"的管理机制；从历史文化、系统功能、动态保护、发展战略等方面开展了多学科综合研究，初步形成了一支包括农业历史、农业生态、农业经济、农业政策、农业旅游、乡村发展、农业民俗以及民族学与人类学等领域专家在内的研究队伍；通过技术指导、示范带动等多种途径，有效保护了遗产地农业生物多样性与传统文化，促进了农业与农村的可持续发展，提高了农户的文化自觉性和自豪感，改善了农村生态环境，带动了休闲农业与乡村旅游的发展，提高了农民收入与农村经济发展水平，产生了良好的生态效益、社会效益和经济效益。

习近平总书记指出，农耕文化是我国农业的宝贵财富，是中华文化的重要组成部分，不仅不能丢，而且要不断发扬光大。农村是我国传统文明的发源地，乡土文化的根不能断，农村不能成为荒芜的农村、留守的农村、记忆中的故园。这是对我国农业文化遗产重要性的高度概括，也为我国农业文化遗产的保护与发展指明了方向。

　　尽管中国在农业文化遗产保护与发展上已处于世界领先地位，但比较而言仍然属于"新生事物"，仍有很多人对农业文化遗产的价值和保护重要性缺乏认识，加强科普宣传仍然有很长的路要走。在农业部农产品加工局（乡镇企业局）的支持下，中国农业出版社组织、闵庆文研究员担任丛书主编的这套"中国重要农业文化遗产系列读本"，无疑是农业文化遗产保护宣传方面的一个有益尝试。每本书均由参与遗产申报的科研人员和地方管理人员共同完成，力图以朴实的语言、图文并茂的形式，全面介绍各农业文化遗产的系统特征与价值、传统知识与技术、生态文化与景观以及保护与发展等内容，并附以地方旅游景点、特色饮食、天气条件。可以说，这套书既是读者了解我国农业文化遗产宝贵财富的参考书，同时又是一套农业文化遗产地旅游的导游书。

　　我十分乐意向大家推荐这套丛书，也期望通过这套书的出版发行，使更多的人关注和参与到农业文化遗产的保护工作中来，为我国农业文化的传承与弘扬、农业的可持续发展、美丽乡村的建设做出贡献。

　　是为序。

中国工程院院士

联合国粮农组织全球重要农业文化遗产指导委员会主席

农业部全球/中国重要农业文化遗产专家委员会主任委员

中国农学会农业文化遗产分会主任委员

中国科学院地理科学与资源研究所自然与文化遗产研究中心主任

2015年6月30日

前言

　　夏津县自西汉初年置鄃（shū）县至今，已有2200多年的历史。历史上黄河多次流经夏津，又多次改道，每次迁徙后都留有故道遗迹。中国树龄最高、规模最大的古桑树群就位于山东夏津县东北部的黄河故道中。夏津黄河故道古桑树群占地6000多亩①，有百年以上古树2万多株，涉及12个村庄，被命名为"中国葚果之乡"，是远近闻名的"中国北方落叶果树博物馆"。

　　山东夏津古桑树的种植时期跨元明清三朝。特别是清康熙十三年（1674年）至20世纪20年代，百姓掀起植桑高潮，鼎盛时期种植面积达8万亩。相传此间树木繁盛、枝杈相连，"援木可攀行二十余里"。经过千百年的选育，桑树在夏津已由"叶用"变为"果用"。附近居民多食桑葚而长寿，因此桑园又叫"颐寿园"。古桑树群群落结构复杂、生态稳定。群落以桑树为主，间有其他落叶乔木、灌木和草本植物。数百年的古桑，枝繁叶茂，根系发达，冠幅10米的古桑树，年产桑果400千克、

---

① 亩为非法定计量单位，1亩≈666.7平方米。

鲜叶225千克，在风沙区发挥着保持水土的巨大作用。夏津县的劳动人民还探索出了一套桑树"种植经"。他们用土炕坯围树、畜肥穴施、犁伐晒土等方法施肥和管理土壤；用油渣刷或塑料薄膜缠树干的方法防治害虫，天然无公害；采用"抻包晃枝法"采收，当地流传着"打枣晃葚"的说法。见证了沧海桑田的壮举、承载着厚重的黄河文化和桑文化，山东夏津黄河故道古桑树群给当地带来了良好的生态环境和生存保障。2014年6月12日，农业部公布第二批中国重要农业文化遗产名单，山东夏津黄河故道古桑树群榜上有名，当地百姓植树造林防风固沙的历史智慧与斗志通过遗产保护得到了充分体现。

本书是中国农业出版社生活文教分社策划出版的"中国重要农业文化遗产系列读本"之一，旨在为广大读者打开一扇了解山东夏津黄河故道古桑树群这一重要农业文化遗产的窗口，提高全社会对农业文化遗产及其价值的认识和保护意识。全书包括八个部分："引言"介绍了夏津黄河故道古桑树群的概况；"黄河故道与古桑树群"介绍了黄河对中华农耕文明的影响、夏津黄河故道的形成与古桑树群的起源；"中国葚果之乡"介绍了桑树与桑葚的利用价值、黄河故道古桑树群的历史演变、夏津桑蚕业与丝绸之路的关系以及桑产业在促进地方经济发展方面的重要作用；"风沙治理的伟大成就"介绍了黄河故道古桑树群丰富的生物多样性、优美的生态景观及重要的生态服务功能；"因地制宜的农业典范"介绍了黄河故道古桑树群所包含的复合的生态系统、丰富的农业知识和实用的农业技术；"源远流长的黄河故道文化"介绍了夏津传统的农桑文化、民间艺术、民间故事、民风民俗以及诗词歌赋；"遗产的保护与发展"介绍了这一农业遗产的重要性与保护的必要性、保护与发展中面临的问题、机遇与对策等；"附录"部分简要介绍了遗产地旅游资讯、遗产保护大事记以及全球/中国重要农业文化遗产名录。

本书是在山东夏津黄河故道古桑树群中国重要农业文化遗产申报文本、保护与发展规划的基础上，通过进一步调研编写完成的，是集体智慧的结晶。全书由闵庆文、王斌、刘某承设计框架，闵庆文、王斌、刘某承、才玉璞、王耀华、孙雪萍统稿。本书编写过程中，得到了李文华院士的具体指导及夏津县有关部门和领导的大力支持，在此一并表示感谢！

由于水平有限，难免存在不当甚至谬误之处，敬请读者批评指正。

编者

2016年11月27日

引言 | 001

一　黄河故道与古桑树群 | 005

（一）黄河与中华农耕文明 / 006

（二）黄河改道 / 008

（三）夏津黄河故道 / 013

（四）夏津黄河故道古桑树群 / 014

二　中国椹果之乡 | 021

（一）桑树与桑葚 / 022

（二）古桑树群的历史演变 / 024

（三）桑蚕与丝绸之路 / 028

（四）夏津县的桑产业 / 029

三　风沙治理的伟大成就 | 037

（一）丰富的生物多样性 / 038

（二）优美的生态景观 / 045

（三）重要的生态功能 / 059

四　因地制宜的农业典范 | 063

（一）复合的生产系统 / 064

（二）丰富的农业知识 / 068

（三）实用的农业技术 / 071

五 源远流长的黄河故道文化 | 079

（一）农桑文化 / 080

（二）民间艺术 / 081

（三）民间故事 / 085

（四）民风民俗 / 089

（五）诗词歌赋 / 092

六 遗产的保护与发展 | 105

（一）遗产的重要性与保护的必要性 / 106

（二）问题、机遇与挑战 / 108

（三）应对威胁与挑战的策略 / 112

（四）保护与发展的措施 / 114

附录 | 123

附录1 旅游资讯 / 124

附录2 大事记 / 140

附录3 全球 / 中国重要农业文化遗产名录 / 144

　　夏津县历史悠久，春秋时期即为"齐晋会盟之要津"。自西汉初年置鄃县至今，已有2 200多年的历史。在漫长的封建社会里，夏津人民以自强不息、坚韧不拔的毅力，繁衍生息、勤奋劳作在这块古老的土地上，为中华民族的进步做出了应有的贡献，涌现出了很多可跻身于中华民族精英之林的优秀人物，创造出了可歌可泣的英雄业绩。夏津县土地肥沃、物产丰富、名特土产众多，白玉鸟、抱头毛白杨、布袋鸡、桑葚、大枣、大杏等无不誉扬神州、驰名世界。

　　公元前602年黄河第一次大徙后，流经今夏津县境内。公元11年，黄河改道后留下一片狭长荒芜的沙滩地，即如今的夏津黄河故道。千百年前这里"地半沙滩，不宜稼禾"，当地百姓多种植桑树以防风固沙。清康熙十三年（1674年），时任夏津知县的朱国祥带领百姓广植桑树，至清朝中期已是林海茫茫、果木成片。夏津县目前保留的古桑树面积达6000余亩，主要集中在夏津黄河故道森林公园范围内，被第三次国家文物普查认定是至今全国规模最大、树龄最老的桑树群。

　　黄河故道森林公园内的古桑树群跨越元明清三朝代，百年以上的古桑树达2万多株。公园内大面积的古桑树、古柿树、古杏树及山楂树、枣树等群落是夏津县千百年来防风固沙方面的伟大成就。古桑树群见证了沙丘变林海的历史沧桑，是一项伟大的"以桑治沙"的生态建设成就，是黄河流域农桑文化的典型代表和中国农桑文明繁衍生息的集中体现，是桑产业和生态旅游产业发展带给夏津人民的民生福祉之源，兼防风固沙、观光休闲、原料供给、文化传承等多种功能，极具生态、历史、文化、经济和科研价值。夏津县先民在治沙树种的选择上，采用了果材两用树种，既解决了防风固沙的生态问题，又解决了人们的生活问题，从而保证了治沙事业的可持续性和人们的繁衍生息。这种"以桑治沙"的模式充分体现了中华民族的智慧，在人类治沙史上也是一大创举，在今天也具有极大的推广价值。

古桑树群（于晓辉/提供）

千百年以来，夏津黄河故道古桑树群为人们提供集食用、药用和保健等多种用途于一身的桑葚、桑叶等产品，对维持当地百姓的食物安全、农业可持续发展等具有重要意义。同时，一些传统民俗中蕴含着可持续发展的思想，使得该系统能够代代相传、生生不息，持续养育一方人民，是人与自然和谐发展的典范，对解决目前人类面临的生态环境问题具有重要参考价值。2014年"山东夏津黄河故道古桑树群"因其在防沙治沙、生物多样性保护、生物资源利用、农业景观维持等方面的多功能价值，被农业部正式公布为第二批"中国重要农业文化遗产"。

受各种自然及人为因素的影响，历史上夏津黄河故道古桑树群遭受过多次大的破坏，面积从8万亩*锐减到6 000多亩。如今，随着时代的发展，土地利用变化及旅游开发力度越来越大，加上相应的保护措施欠缺，古桑树群的生存面临着再一次的威胁。积极开展古桑树群农业文化遗产保护，不仅能更好地保护古黄河在此改道的历史记忆，更好地保护与弘扬夏津县近2000年的农与桑密不可分的农桑文化，也能扩大黄河故道"以桑治沙"模式的影响力，是巩固鲁西北平原黄泛区防沙治沙生态建设成果的具体体现，也是保护和弘扬中华文化的重要举措。遗产保护也有利于扩大夏津县"中国葚果之乡""小杂果之乡"的品牌影响力，打响以古果树为特色的平原沙区黄河故道森林公园品牌。同时，遗产保护既是提升夏津县生态旅游品质的最佳途径，也是扩大桑树资源培育规模，带动以葚酒、葚干、葚叶茶为代表的桑产业乃至梨、柿、杏、枣等果树产业深化发展的助推器。

---

* 亩为非法定计量单位，1亩≈666.7平方米（编者注）。

一

黄河故道与古桑树群

山东夏津黄河故道古桑树群

（一）
黄河与中华农耕文明

　　黄河，中国古代称"大河"，发源于中国青海省巴颜喀拉山脉，流经青海、四川、甘肃、宁夏、内蒙古、陕西、山西、河南、山东9个省或自治区，最后于山东省东营市垦利县注入渤海，全长5 464千米，是中国第二长河流，仅次于长江，也是世界第五长河流。在中国历史上，黄河及沿岸流域给人类文明带来了巨大的影响，是中华民族最主要的发源地，中国人称其为"母亲河"。

黄河（王斌/提供）

　　据地质演变历史的考证，黄河是一条相对年轻的河流。在距今115万年前的晚期早更新世，流域内还只有一些互不连通的湖盆，各自形成独立的内陆水系。此后，随着西部高原的抬升，河流侵蚀地面，历经

105万年的中更新世，各湖盆间逐渐连通，构成黄河水系的雏形。到距今10万至1万年间的晚更新世，黄河才逐步演变成为从河源到入海口上下贯通的大河。

黄河流域是中华民族文明的发祥地，半坡氏族是黄河流域氏族公社的典型代表。4 000年前，黄帝和炎帝部落结成联盟，在黄河流域生活、繁衍，构成华夏族的主干部分。到宋元以前，黄河流域一直是中国经济发展的重心，创造了高度发达的农业文明。宋元以后，直至近现代历史时期，由于人口的压力及自然条件等因素，中国的经济重心南移，但黄河流域仍是中国重要的经济中心。

中国有万余年的农业历史，各地就起源先后而言伯仲难论。但中国农业的开发与发展进程，却大致是沿着旱作农业（黄河流域）—稻作农业（长江流域）—高寒农业（东北与青藏地区）的次序逐渐推开的，它体现了与人类开发利用自然的能力相适应的由易向难的梯度选择。

黄河流域适中的地理纬度与土壤、气候、生态环境，成为孕育黄河农耕文明的有利条件，形成了以黍稷为特色的旱农耕作技术体系，确立了黄河流域在中华民族早期发展史上的重要地位。在大禹治水、区划九州的实践中，萌生了最初的农业地理、气候、土壤、生物、历法知识，孔子曰"夏时得天"，高度评价了夏代的农业成就。史载"惟殷先人有册有典"，农事在商朝见诸文字记载，结束了口耳相传"结绳计事"的原始阶段，促进了农业科技、经验的积累与传播。

周人为著名的农业民族，在中国原始农业向传统农业的转化进程中周族贡献尤多，中国古代农业的许多优良传统都可以在周人那里找到原型。他们最先提出了因地制宜的农学理论，形成了卓有成效的农业管理（农官）体系，完成了对农牧结构的合理配置，促进了农耕技术的不断进步。战国秦汉时代，是中国古代农业发展的第一个高峰期。北方旱地农耕体系趋于成熟，铁犁牛耕提升了农业生产力，土地私有化进程调动了农民的生产积极性，促使中国农业摆脱原始色彩而进入传统农业时代。最具关键意义的是，秦将历史上形成的泾渭、汾涑（sù）、济泗、黄淮、汉江、巴蜀诸农区第一次统辖于一体，构成了当时世界上最大和最为发达的传统农业区。诸农区的统一显示出巨大的整体效应，从而使农业为基础的国民经济体系完全确立，中国农业历史由此翻开了新的一页。

魏晋南北朝，是黄河流域实现民族大融合、生产结构大调整的重要时期。整合胡汉土地制度而形成的均田制，深刻影响了中古社会经济的发展。在数世纪的发展过程中，入主中原的少数民族完成了他们的农业化进程，而中原汉族也在物质生活中适应了胡服、胡食、胡床的运用、在精神生活中接受了胡乐、胡歌、胡舞的风行。北魏贾思勰（xié）的《齐民要术》是对秦汉以来黄河流域农业科学技术的系统总结，在中国乃至世界农业科技发展史上都占有重要地位。

隋唐时期黄河流域麦类作物地位的上升，改变了自古以来北粟南稻的格局，极大地提高了土地利用率、增加了粮食生产总量。而由粒食向面食的转化，极大地丰富了中华饮食文化的内涵。隋唐是中国古代第二次引种高潮时期，许多家畜、作物、蔬菜、果树通过丝绸之路传入中国，"植之秦中，渐及东土"，完成了域外引种的本土化进程。宋清间随着经济重心的南移，中国基本经济区的南北轴心逐渐形成，但是政治中心在北方的基本格局没有发生根本性的变化，黄河流域的传统农业仍在持续发展与进步。元、明、清诸朝先后推出《农桑辑要》《农政全书》《授时通考》等大型骨干农书。辽、金、西夏诸民族政权在与黄河农耕文明的博弈过程中逐渐完成了由牧向农的产业转化，这时中原农业在维持民生、供给京师、保障边防等方面仍具有不可替代的重要作用。

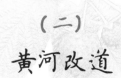

（二）
黄河改道

1. 黄河六次大徙

通常认为，《尚书·禹贡》中所记载的河道是有文字记载的最早的黄河河道，人们称这条黄河河道为"禹河"。这条河道在黄河下游历史上的洪泛区孟津以上的部分被夹束于山谷之间，几无大的变化。在孟津以下，其汇合洛水等支流，改向东北流，经今河南省北部，再向北流入河北省，又汇合漳水，向北流入今邢台，至巨鹿以北的古大陆泽中。然后分为几支，顺地势高下向东北方向流入大海。

河流决口后放弃原来的河床而另循新道称为改道，黄河由于多沙善淤、变迁无常，改道十分频繁，中游的宁夏银川平原、内蒙古河套平原一带的黄河河道都曾多次变迁，但受影响最大的是黄河下游河道改道。在周定王五年（前602年）以来的2600多年的时间里，黄河下游河道经历了从北到南，又从南再到北的大循环摆动，其中的决口、改道不计其数。大体上以孟津为顶点，北抵天津、南界为淮河的这样一个大三角内，都是黄河改道迁徙的范围。

在对黄河大改道次数及年代划分的认识上，存在不同看法。清康熙年间的胡渭首先把黄河的改道归纳为5次大徙；20世纪50年代熊毅、席承潘提出黄河6次大徙的说法；叶青超等（1990）提出黄河7次大徙说。本书在此采用叶青超等人的大改道说法，不把1938年花园口人为的决口改道作为大改道。黄河6次大改道的基本情况如下：

黄河第一次大改道（前602年—11年）：周定王五年（前602年），黄河决口于宿胥口（今滑县东北），河道从黄河故道向东迁移40千米，经滑县、大名、夏津、清河，由沧州、黄骅入渤海，史称汉志河，行河613年。

黄河第二次大改道（11年—1048年）：西汉末年王莽始建国三年（11年），"河决魏郡（今濮阳西北），泛清河以东数郡"，河道向东迁移80千米，经濮阳、清丰、阳谷、聊城、临邑、惠民，至利津入渤海，史称东汉河，行河1 037年。因河道地势有利，加之王景治河之功，历东汉、隋、唐、五代无水患。

黄河第三次大改道（1048—1194年）：宋仁宗庆历八年（1048年），河决澶州商胡埽（今濮阳市东昌湖集），在黄河两次南迁之后向北迁移40～80千米，经大名、馆陶、临清、夏津、景县、东光、南皮由青县、天津入渤海，史称"商胡北流"，至宋仁宗嘉（祐）五年（1060年），黄河又在魏郡第六埽分出一条分流，又称东流，由无棣笃马河入渤海，行河146年。

黄河第四次大改道（1194—1494年）：金章宗明昌五年（1194年），河决阳武光禄寺村周视堤口（今原阳西北张大夫人寨），向东经延津、封丘、长垣、兰封、东明、曹县，又入曹、单、萧、砀河道，由清江口云梯关入黄海。

黄河第五次大改道（1494—1855年）：明孝宗弘治二年（1489年），

黄河在开封及荆隆口决口，分为三支，向南一支分三股，入涡河、颍河入淮，向北一支由长垣、东明冲入张秋运河，向东一支由开封翟家口东出归德（商丘），直下徐州，合泗水入淮。

黄河第六次大改道（1855年至今）：清咸丰五年（1855年），黄河决考城（今兰考）铜瓦厢，夺大清河由利津入渤海，河道又重回到泰山之阴，至今（2016年）已行河171年。

2. 黄河改道的原因及其影响

黄河所以决徙改道，有自然原因，也有社会原因，而洪水量和泥沙量则是造成黄河决徙的主要因素。黄河流域大部分地区的气候比较干燥，全年降雨量的70%集中在夏、秋两季，容易造成山洪暴发、河流猛涨。黄河发源于青藏高原，主要流经内蒙古高原、黄土高原、华北平原三大地形区，到了平原后，水流缓慢，泥沙沉淀，河床不断抬升，容易决溢泛滥。黄土高原是黄河泥沙的大本营。陕、晋两省黄河峡谷两岸约10万平方千米的土地，是黄河粗沙的主要出产地。今天黄土高原纵横交错的沟壑都有其形成和发展的历史。

黄河中游地区的植被不断遭到破坏也是黄河改道的重要原因。战国以前，山陕峡谷和泾渭北洛河上游处于游牧射猎时代，原始植被基本良好，黄河下游的决口也就比较少。汉武帝时，徙民戍边，山陕峡谷和泾渭北洛河上游地区的人口迅速猛增。中唐以后，过去的半农半牧地区迅速发展为农业区，水土流失日益严重，沟壑不断蔓延。除了黄土高原本身易于水土流失的自然因素外，人为的自觉和不自觉的乱垦乱伐，也进一步加剧了水土流失。长期的水土流失，使黄土高原支离破碎、千沟万壑，耕地越来越少，土地肥力减退，农民越来越穷；农民越穷，又越开荒，形成"越垦越穷，越穷越垦"的恶性循环。从历史上黄河下游决溢灾害的情况来看，也有一些是人为决溢造成的。黄河周边的地势本来就容易水土流失，再加上人为的破坏植被，导致黄河进入了恶性循环，灾害连连。而改道的目的本质上是降低灾害发生频率，然而效果并不是很好。

黄河改道以后，下游地区河患次数增多，且规模大、持续时间长，所造成的灾祸也就非常惨重。常年持续的河患使得下游地区的生态环境遭到严重破坏。黄河决口后，洪水恣意泛滥，巨浪滔天，大面积的草木、庄稼、动物等被淹没。洪水以及所携带的大量泥沙，破坏了下游地区的自然面貌，毁坏了植被，造成水系紊乱、河湖淤积。史料记载：后晋开运元年（944年）六月，黄河决口，在淹没了今河南北部和山东西南部的广大地区的同时，洪水开始积聚在梁山周围，将原来的巨野泽扩展为了著名的梁山泊；不仅如此，黄河决口在一定程度上影响了当时的政治军事生态布局的重新排列组合。

据《山东黄河志》统计，1855年以后，黄河决溢成灾，侵淤徒骇河45次、马颊河7次、北五湖12次。这不仅削弱了这些地区的蓄泄能力，还在平地上留下了大片沙地和洼地，同时又恶化了气候环境，从而加重了下游地区的水、旱灾害。水、旱灾害进一步造成良田荒芜、土地沙化，尤其以黄河泛滥造成的土地沙化最为严重。

黄河溃决之后，泥沙的沉积，使大量良田严重沙化，危害极大，实与洪水冲击之害相当。很多地区的土地尽被沙压，水退之后，一经微风，尘土飞扬迷漫，且五谷不生、野无青草、土质极差。除土地沙化外，土地碱化现象也十分严重。由于降雨或洪水灾害，地下水位升高，在蒸发作用下，盐分向土壤表层集结，水去盐留，往往会出现盐碱地。黄河决口后，黄河沿岸或其他低洼易涝地区，由于排水不畅、浸泽日久，形成了大面积的盐碱地。盐碱地对农作物的生长极为不利，碱层浅的土地经过挑沟、翻地等方式改良后还可以种植豆、麦之类的作物，碱性较大的地区只能生长芦苇等，再严重的地区只好完全废弃。

黄河沿岸的沙化土地（王斌/提供）

肆虐的洪水使得人口锐减，严重阻碍了黄河下游社会经济的发展。黄河水灾不仅夺去了千百万人的生命，破坏了社会生产力，而且吞没了农田民舍等生产生活资料，使老百姓不能恢复再生产。黄河决口的当年，下游地区夏、秋两季均绝产，只得靠截留运河漕粮维持生计。在晚清的奏折、上谕中，黄河决口后类似"淹毙人口甚重""居民村庄，尽被水淹"等记载屡见不鲜。据估计，在光绪二十年（1894年）至二十三年（1897年）的连续三次大决口中，黄河下游地区死亡人数不下20万，且"膏腴之地，均被沙压，村庄庐舍，荡然无存"。洪水所过之处，大量土地沙化荒芜，农民失去生产基础；灾后大量农村劳动力急剧流失，农业生产能力急剧退化。

3. 黄河的治理

治理黄河，最早可追溯到传说中的鲧、禹治河，随后人们在此创建了堤防，至秦代已统一了下游的堤防体系。西汉贾让、东汉王景、元代贾鲁、明末潘季驯和清代的靳辅、陈潢等，对防洪的理论和实践均有重要贡献，其中以潘季驯的束水攻沙方略影响最大。近代水利学者李仪祉提出了黄河上中下游全面治理的方略，主张在上中游广修水利、植树造林、建拦洪水库；在下游整治河槽、淤滩冲槽和开辟减河排洪。

较早利用黄河水资源的大型灌溉工程是战国时期在当时的黄河支流漳河上兴修的引漳十二渠，以后历代修建的著名灌区有郑白渠、汉延渠、唐徕渠、枋口堰和近代的泾惠渠灌区等。历史上黄河水运也曾一度较为发达，盛极时，可南达江淮、北通蓟津。"欲渡黄河冰塞川，将登太行雪满山。闲来垂钓碧溪上，忽复乘舟梦日边。行路难，行路难，多歧路，今安在。长风破浪会有时，直挂云帆济沧海"。在李白的《行路难》里，黄河航运已发展到了一个相当的水平。

新中国成立后，人们着手研究怎样提高黄河下游防洪能力、开发利用黄河水资源。1954年10月全国人大一届二次会议提出了《黄河综合利用规划技术经济报告》，1955年7月30日第一届全国人民代表大会通过了《关于根治黄河水害和开发黄河水利的综合规划的决议》。根据中国经济发展和黄河现状，治理开发黄河的规划指导思想是除害兴利、综合利用，使黄河水沙资源在上中下游都有利于生产。主要任务是采取综合治理措施，缓解黄河下游的洪水威胁；防治水土流失，逐步减少输入黄河的泥沙，改善黄土高原的生态环境；合理利用水沙和水能资源，促进工农业生产的发展。

（三）

夏津黄河故道

　　夏津县地处鲁西北平原，山东省西北部，德州市西南部，位于北纬36°55′～37°10′、东经115°46′～116°15′。地势自西南向东北缓慢倾斜，坡降为1/5 000～1/8 000，最高海拔34米，最低海拔23.5米。境内中部有一条西南东北走向的古堤——陈公堤，将夏津县分成堤上、堤下两大部分。堤上多为河滩高地、冲积扇形地、沙质河槽地；堤下由平坡地、洼地、浅平洼地、沙质河槽地组成。夏津西有卫运河、东有马颊河两条干流，境内有六五河纵贯全境；青年河、七一河、六马河、大沙河、城东干沟等14条主要支流纵横交错，大小相通，各河互济，形成了抗旱灌溉和行洪排涝的骨干水利系统。

夏津的黄河故道河段（王斌/提供）

　　历史上黄河多次流经夏津，又多次改道，每次迁徙后都留有故道遗迹。对夏津影响最大的故道有两条：一是东周黄河故道。周定王五年（前602年），黄河在河南滑县决口，在夏津县境内形成西南—东北向黄河，当时称为"大河"，行水613年。此河在县境内长39千米，河槽宽300~900米，加上决口扇形地，河床宽度在0.5~12千米，河流总面积22.6万亩。新莽始建国三年（11年），河流再次改徙他处，在此地留下一条黄河故道。

二是宋时黄河故道。宋庆历八年（1048年），黄河在澶州（今濮阳县）商胡埽大决，向东北冲出一条新河（宋称"北流"，故宋时黄河又称"商胡北流"），流经夏津至青县合卫河入海，行水146年。此河在县境内长33千米，河槽宽300~800米，加之决口扇形地，河床宽度在2~2.5千米，河流总面积4.6万亩。黄河主流两次流经夏津县，改道后为这里留下了一片30万亩连绵起伏的沙丘地。当地有"无风三尺土，有风沙满天，关门盖着锅，土饭一起咽"的民谣。

（四）
夏津黄河故道古桑树群

1. 古桑树群的起源

桑是地球上一种古老的植物，在早白垩纪早期（距今1.455亿至6 550万年）时，被子植物在整个植物群中间的种类数量是微不足道的，但在确知的化石中就已有桑科存在。桑作为自然资源的利用方式，自古迄今主要是叶用、材用、果用和观赏。据文献记载和文物考证，我们的祖先早在五千多年前的新石器时代已开始栽桑养蚕。

《诗经》是西周到春秋中叶以前（前1100年~前600年）的诗歌总集，里面可以看到黄河中下游各地以桑蚕丝织为题材的诗篇，说明当时桑蚕丝织已比较普遍。在黄河中下游各地中，又以山东的桑蚕业最为发达。山东在周代是齐、鲁两国的封地，所以现在人们还把"齐""鲁"两字作为山东的简称。《谷梁》《管子》《左传》等古书中有不少齐、鲁两国同桑蚕有关的故事，据此可以推测：春秋战国时代山东的桑蚕业相当发达。山东桑树统称"鲁桑",《齐民要术》一书中载有:"桑有黑鲁、黄鲁之分。"《蚕桑萃编》亦曾记述:"鲁桑为桑之始。"说明了山东鲁桑品种在桑树演化中的重要作用。

山东夏津黄河故道古桑树群所在地为东周黄河流经遗留下来的沙河地,距今已有2000多年的历史。多年来,这里风沙肆虐、民不聊生。劳动人民经过上千年的探索,植树造林、抵御风沙,至清中叶时这里已是林木郁郁、一望无边。桑树是夏津黄河故道独具特色的树种,栽培历史悠久,当地著名的腾龙桑、卧龙桑等古树都已有1000多年的栽培历史,其他古树的历史亦多达几百年。由古桑树树龄推测,当地人民与风沙的斗争是坚持不懈的;而选择经济、生态双效突出的桑树广泛种植,则充满了智慧和远见卓识。

桑树生命力极其旺盛,根系发达,垂直分布的根深可达4米,在干旱半干旱荒漠也能生长发育,抗低温、耐高温、耐盐碱,具有强大的防风、固沙、保土功能。因此,桑树是治理北方风沙区时的首选树种之一。同时,桑树寿命长,经千年犹能结果,更令人称奇的是桑树没有大小年,进入产果期后年年都是盛果期,这对于灾荒年代人们解决粮食短缺问题具有重要意义。

2. 中国重要农业文化遗产

夏津县历史悠久,春秋战国时为赵、齐、晋会盟之要津。西汉初设县名鄃,唐天宝元年(742年)改为夏津,自设鄃县至今已有2 200多年历史。现辖银城、北城2个街道办事处,宋楼、香赵庄、南城、东李官屯、雷集、苏留庄、新盛店、双庙、郑保屯、白马湖10个镇,田庄、渡口驿2个乡,1个省级经济技术开发区,310个行政村,总面积882平方千米,耕地5万公顷,总人口50.73万人,以汉族为主,另有回、蒙、朝鲜、满等少数民族。

夏津黄河故道古桑树群位于山东夏津县东北部的黄河故道中,占

中国重要农业文化遗产标牌(于晓辉/提供)

地6 000多亩，有百年以上古树2万多株，涉及12个村庄，是中国树龄最高、规模最大的古桑树群。古桑树群种植历史悠久，特别是清康熙十三年（1674年）至20世纪20年代，百姓掀起植桑高潮，鼎盛时期种桑面积达8万亩。数百年的古桑，枝繁叶茂、根系发达，在黄河故道风沙区发挥着防风固沙、保持水土的巨大作用。2014年6月12日，"山东夏津黄河故道古桑树群"因其防沙治沙、生物多样性保护、生物资源利用、农业景观维持等多功能价值，被农业部正式公布为第二批"中国重要农业文化遗产"，这是山东省第一个也是唯一一个中国重要农业文化遗产。这充分体现了夏津县古桑树群的珍贵和价值。

山东夏津黄河故道古桑树群以夏津县整个县域作为遗产地，以苏留庄镇为核心保护区。根据农业文化遗产保护的要求以及夏津黄河故道古桑树群农业文化遗产的特色，结合夏津县的社会经济现状及发展优势，将遗产地农业文化遗产保护区划分为5大区域，分别为：古桑树群保护区（北部生态旅游区）、桑产业发展区（生态农业发展区）、特色经济林果发展区（生态建设与生态农业发展区）、中部综合发展区（城镇建设与生态经济发展区）、生态功能恢复区。

夏津黄河故道古桑树群农业文化遗产地功能分区

功能区	涉及乡镇	面积	比例
		平方千米	（％）
古桑树群保护区	苏留庄镇	119.90	13.60
桑产业发展区	雷集镇、东李官屯镇、香赵庄镇	179.71	20.38
特色经济林果发展区	白马湖镇、双庙镇、郑保屯镇、渡口驿乡	195.63	22.19
中部综合发展区	银城街道、北城街道、南城镇、宋楼镇	227.29	25.78
生态功能恢复区	田庄乡、新盛店镇	159.26	18.06
合计	14个乡（镇、街道）	881.80	100.00

（1）古桑树群保护区（北部生态旅游区） 该区位于夏津县北部的苏留庄镇，是鲁西北地区最大的风沙化土地集中区，是当地和周边地区沙尘风暴的发源地。苏留庄镇处于决口扇形地及沙质河槽一带，多砂丘及砂质、洼地。土质以沙土为主，肥力差，多为沙壤。

该区是古桑树群集中连片保存的区域，管理重点是保护好现有的古桑树群；在此基础上，大力发展桑、苹果、梨、杏、山楂等果树，并扩大花生、地瓜的种植面积。同时，依托黄河故道森林公园的开发和保护，逐步完成旅游基础设施建设和生态景观培育工程，着力发掘整理特色民间传说，将特色文化发扬光大。在稳定农业生产的基础上，促进产业结构的优化升级，加快传统农业向现代农业转变。加强生态环境保护和基础设施建设，积极发展生态农业旅游，并把农业、工业和旅游业发展充分衔接起来。

（2）桑产业发展区（生态农业发展区）　该区包括雷集镇、东李官屯镇、香赵庄镇，土质以中壤为主，其次为轻壤及重壤，土质良好，地势较高，排水通畅，土壤肥力较高，目前是夏津县粮棉高产基地，蔬菜生产发展势头也比较好。

该地区交通便利、土地开阔、农业基础好，作为现代化农业的重要发展地区，应加强农业基础设施建设，大力推进农业产业化，发展现代农业。由于该区土壤条件较好，随着夏津黄河故道古桑树群农业文化遗产品牌效益的逐步显现和政府对桑产业扶持力度的不断加大，该地区可作为桑产业发展的后备基地，逐步引导当地农民发展桑产业。

（3）特色经济林果发展区（生态建设与生态农业发展区）　该区位于马颊河、西沙河河岸，包括白马湖镇、郑保屯镇、双庙镇和渡口驿乡4个乡镇，以盐化潮土为主，土壤质地以轻壤及中壤为主，比较适宜种植棉花、发展粮食及蔬菜生产。

该区是宋时黄河流经地区，适宜发展经济林，应抓好农业产业化结构调整，加强农业基地建设，重点发展本地优势农业，充分发挥省际交界和农业资源丰富的优势，逐步发展壮大农业和深加工产品的商品贸易，增强夏津县在冀鲁交界地区农产品交易中的地位。当地有"东沙河的葚子西沙河的杏"之说，可以以现有的林果资源为基础，筛选或引进优良品种，逐步引导农民发展杏、山楂、桃、梨等特色经济林，形成"杂果之乡"的特色品牌。同时，通过实施水土保持工程和造林工程，抓好两河沿岸大堤绿化和生态林、防护林建设，保护与恢复植被，发挥其调节气候、保持水土和涵养水源等功能。

（4）中部综合发展区（城镇建设与生态经济发展区）　该区位于县域中部和南部，包括北城街道、银城街道、南城镇、宋楼镇4个镇（街道），是生态经济发展速度较快的地区。该区地表水、生活垃圾、噪声等污染较严重；地下水开采量较大，地下水位下降较快，地下水漏斗正在形成；工农业快速发展导致环境污染物增加，生态环境面临的压力不断增大。

在夏津县产业发展布局的总体框架中，中部综合发展区的建设目标是为夏津县其他区域的产业发展提供综合服务，对整个区域产业的发展和布局发挥重要的管理与调控职能，是夏津县产业发展的核心板块。一些重要的制造业企业、传统的生产型服务业以及绝大部分的城市生活型服务业聚集于此，为夏津县产业的发展壮大打下重要基础。应在加快城镇建设的基础上，重点发展生态工业，推进循环型生产模式和循环型社会建设，调整产业结构，优化产业布局，减少污染物排放量；推广生态农业，加强对桑葚等绿色农产品深加工项目的建设；加强防护林体系和景观林建设，加快水土流失治理速度，有效控制农业面源污染。同时要结合综合交通优势，大力发展综合物流业。

（5）生态功能恢复区　该区包括新盛店镇和田庄乡等2个乡镇。古黄河决口、农业灌溉不当等诸多历史原因，导致了这些地区的土壤盐碱化。因地处背河槽状洼地及洼坡地，地势低洼，需积极深排碱，培肥地力，改良土壤，种植耐碱作物。

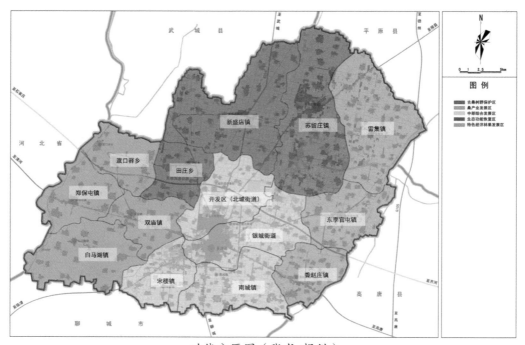

功能分区图（张龙/提供）

该区应以防治盐碱和旱涝灾害为重点，巩固生态建设成果；同时发展生态林业、棉花种植业、生态畜牧业和生态养殖业，扩大谷子、高粱等豆科作物的种植面积；优化工业产业布局，控制工业污染源和农业面源的扩散。

3. 独特性与创造性

　　古黄河是哺育中华民族的摇篮，却又像一匹不驯的野马，屡屡在中华大地上肆虐，给当地人民带来了一次又一次的灾难，使得民不聊生，而当灾难过后，留下来的黄河故道便成了伤痛的纪念碑。山东夏津黄河故道古桑树群是千百年来夏津人民为防风固沙和发展生产而植桑造林，从事蚕桑生产延续至今形成的包括古桑树群可持续经营、林下经济作物生产、桑树栽培和加工利用技术、农桑文化和地方民俗在内的农业文化遗产系统。该系统不仅包含了以桑葚生产为主体的农业生产方式和相关的农业文化，更作为黄河故道地区特有的纽带，联系着社会的组织与分工，并融入地方社会文化的各个层面。

　　黄河故道内的古桑树群农业系统，既是黄河流域农桑文化的代表和中国农桑文明的发展，也是千百年来夏津人民在防风固沙工程上的重大成就，是人与自然和谐共荣的珍贵遗产，是"沧海变桑田"的历史见证。历经千百年岁月洗礼，夏津黄河故道古桑树群与当地的生态环境有机地结合在一起，构成了集农、林、牧为一体的农业系统结构，使古桑树群生态系统内的古树、沙丘、河流、村庄相得益彰、协调发展。全面认识该系统的价值，对我国农业文化的传承、农业的可持续发展和农业功能的拓展具有重要的科学价值和实践意义。

中国蕈果之乡

山东夏津黄河故道古桑树群

（一）
桑树与桑葚

1. 桑树

桑（*Morus alba* L.）是桑科桑属落叶乔木或灌木，高可达15米。树体富含乳浆，树皮为黄褐色；叶为卵形至广卵形，叶端尖，叶基为圆形或浅心脏形，边缘有粗锯齿，有时有不规则的分裂。叶面无毛，有光泽，叶背脉上有疏毛。雌雄异株，4月下旬至5月初开花，荑黄花序；果熟期为5～7月，聚花果，卵圆形或圆柱形，黑紫色或白色；喜光，幼时稍耐阴；喜温暖湿润气候，耐寒；耐干旱、耐水湿能力极强。

桑树（于晓辉/提供）

桑原产中国中部和北部。中国东北至西南各省区、西北直至新疆均有栽培。朝鲜、日本、蒙古、中亚各国、俄罗斯、欧洲等地以及印度、越南亦有栽培。中国收集保存的桑树种质分属15个桑种3个变种，是世界上桑种最多的国家，其中栽培种有鲁桑、白桑、广东桑、瑞穗桑，野生桑种有长穗桑、长果桑、黑桑、华桑、细齿桑、蒙桑、山桑、川桑、唐鬼桑、滇桑、鸡桑；变种有鬼桑（蒙桑的变种）、大叶桑（白桑的变种）、垂枝桑（白桑的变种）等。

桑树树冠宽阔、树叶茂密，秋季叶色变黄，颇为美观，且能抗烟尘及有毒气体，适于城市、工矿区及农村四旁绿化，适应性强，为良好的绿化及经济树种。桑叶为养蚕的主要饲料，亦可作药用，并可作土农药。桑叶初霜后采收，除去杂质，晒干，既可内服，也可外敷，其性寒，味甘、苦，有疏散风热、清肺润燥、清肝明目的功效，可治疗风热感冒、肺热燥咳、头晕头痛、目赤昏花等病症。桑木木材坚硬，可制家具、乐器、雕刻等，也可以用来制造农业生产工具，如桑权、车辕等；桑木可以造纸，也可以用来做弓，叫做桑弧；枯枝可以作为干柴；树皮可以作为药材，用于造纸；桑葚是桑树的成熟果实，用途也很广泛。

2. 桑葚

桑葚，又名桑葚子、桑蔗、桑枣、桑果、乌葚等，为桑科植物桑的果穗。桑葚嫩时色青、味酸，成熟时色紫黑、多汁、味甜。成熟的桑葚质油润、酸甜适口，以个大、肉厚、色紫红、糖分足者为佳，是人们常食的水果之一。每年5～7月果实成熟时采收，去杂质，晒干或略蒸后晒干食用，也可来泡酒。具体成熟时间各地不一样，南方早一点，北方稍迟一点。

桑葚（于晓辉/提供）

据测定，每100克成熟鲜桑葚含水分82.0克，糖分9.6克，胡萝卜素0.01克，维生素B_1 0.03毫克，维生素B_2 0.06毫克，维生素PP0.90毫克，维生素C19毫克，同时富含人体所需要的各种氨基酸、矿物质以及芦丁、花青素甙、鞣质、矢车菊素、挥发油等成分。

桑葚中氨基酸与矿物质含量

必需氨基酸	含量（毫克/100克）	矿物质	含量（毫克/千克）
耐氨酸	0.2	钾	1620
蛋氨酸	14.73	钙	223
苯丙氨酸	3.85	镁	149
亮氨酸	2.12	铁	0.54
苏氨酸	33.81	锌	1.42
缬氨酸	5.7	铜	0.07
异亮氨酸	3.61	锰	1.3

　　桑果古来就是百姓常用的一种利尿、保健、消暑的鲜果。《本草纲目》等多种医药典籍中对桑葚的药用价值和用法有详尽的阐述：桑葚性味甘寒，具有补肝益肾、生津润燥、乌发明目等功效。

　　1993年桑果被卫生部列为"既是食品又是药品"的第一植物名单，它是集营养、保健、药用于一身的新贵。桑葚有改善皮肤（包括头皮）血液供应、营养肌肤、使皮肤白嫩及乌发等作用，并能延缓衰老。桑葚是中老年人健体美颜、抗衰老的佳果与良药。常食桑葚可以明目，缓解眼睛疲劳干涩的症状。桑葚具有免疫促进作用，对脾脏有增重作用，对溶血性反应有增强作用，可防止人体动脉硬化、骨骼关节硬化，促进新陈代谢。桑葚可以促进血红细胞的生长，防止白细胞减少，并对治疗糖尿病、贫血、高血压、高血脂、冠心病、神经衰弱等病症具有辅助功效。适量食用桑葚能促进胃液分泌，刺激肠蠕动及解除燥热。

（二）
古桑树群的历史演变

　　公元11年，东周黄河改道后，给夏津留下了一段沙丘绵亘的黄河故道。当地人民为了防风固沙而植桑造林，延续至今形成了夏津黄河故道古桑树群。经过千百年的选育，如今桑树在夏津已经由"叶用桑"变为"果用桑"。古桑树群用途的转变，与我国古代黄河中下游地区，特别是山东地区桑蚕产业的发展演变有着密不可分的联系，其发展演变大致可以划分为以下几个阶段：

第一阶段：东周黄河故道形成至东汉末年，是故道地区桑产业逐步发展的时期。此时黄河中下游地区特别是山东地区是我国桑蚕业最发达的地区，夏津人民选择在黄河改道后留下的风沙地区种植桑树，一方面可防风固沙，另一方面可发展生产。

秦始皇统一中国，结束了诸侯割据的局面，推行统一文字、货币、度量衡以及车轨的重大举措，促进了地区之间经济、商业、文化、技术等方面的往来和交流；汉承秦制，并在王朝建立初期采取与民休息、薄徭轻赋、提倡农桑、鼓励商贸等进步措施，对外拓展疆域、巩固国防，积极开展外交活动，扩大同周边邻国和西亚、南亚各国的经济、商贸和文化交流，开辟了举世闻名的"丝绸之路"。秦汉两朝四、五百年间，我国的桑蚕生产有很大发展，而最发达的地区是黄河下游的山东一带。可以推测，黄河故道地区的人民，为了治理风沙和发展生产，在这一时期很好地发展了兼具生态和经济效益的桑树。

夏津出土的东汉陶车（李正阔/提供）

夏津出土的东汉陶牛（李正阔/提供）

第二阶段：三国至北宋时期，受战乱影响，我国北方地区的桑蚕业在波动起伏中逐渐衰落，夏津黄河故道地区的桑蚕业也遭受严重破坏；但战乱也使桑葚、桑叶的食用价值被人们重视，有时甚至成了救命粮食，这在一定程度上促进了对桑树资源的保护。

东汉末黄巾大起义，从这时起一直到晋朝统一全国，将近100年的时间里，我国北方长期处于战乱之中。黄、淮流域各地在战乱中遭到严重的破坏。晋朝统一全国后不久，我国又再度陷于分裂战乱的局面。晋朝皇室逃到长江以南建立偏安政权。这以后的一段时期，历史上称为

"南北朝"。从汉末开始，每当战乱，北方经常有大批人口逃到江南避难。南北朝初期，逃来的人数更多，估计在百万以上。北方人口锐减，蚕业生产逐渐衰落，但这时期北方的桑林还是很茂密的，所以北方每遇战乱，蚕业便衰落下去；战乱结束，蚕业又渐渐恢复过来。与此同时，每当战乱的年头，田园荒芜，北方老百姓都储备大量桑葚备荒。南北朝时，几次大饥荒，黄河流域很多地方的百姓都是依靠桑葚活命的。

公元618年，南北朝分裂割据局面结束，唐朝统一全国。唐朝前期十分强盛，唐玄宗开元年间（714～741年），唐朝经济的繁荣达到了顶点。不仅如此，当时黄河流域的桑蚕生产技术也还处于全国的领先地位。唐玄宗天宝十四年（755年）爆发的安史之乱，是我国经济重心南移的转折点。在这次战乱中，北方又遭受极严重的破坏，"荆棘丛生，豺狼嗥叫""人烟断绝，千里萧条""洛阳四面数百里，州县皆为丘墟"。可以想见黄河中下游地区的桑蚕业必然遭受严重破坏。但安史之乱对我国的长江流域没有什么破坏，这时期江南地区的经济继续发展。北宋时期，北方的桑蚕业虽有所恢复和发展，但已落后于江南。

第三阶段，南宋至民国初期：受棉花栽培的影响，我国桑蚕业整体趋于萎缩；但夏津黄河故道地区由于特殊的生态环境状况，人们进一步对桑树进行改良，在风沙严重的地区，选择桑树中抗旱、耐瘠薄的果桑品种继续种植，并且规模不断扩大。

南宋后期，长江流域已开始种植棉花，起初只是少量的，后来栽培区域和种植面积逐渐扩大。到元朝中叶，长江流域的棉花种植已比较普遍，并扩展到黄河流域。人们日常生活中所用的丝织品被棉布所取代，丝绵被棉花所取代，植棉对桑蚕业的排挤作用日益明显。棉花之所以能够替代蚕丝，是因为棉花的生产过程比蚕丝简单，单位面积产量也较高。明代中叶前后，种植棉花的区域越来越广，被棉布、棉花所取代的丝织品和丝绵也越来越多，社会上对丝茧的需求大大减少，桑蚕生产也就逐渐趋于衰落。

元末，山东是红巾军与元军长期作战的地方；明朝建立前后曾数度兴兵北伐元军，山东又是主战场。战争使夏津受到沉重打击，明洪武二十四年（1391年）年，夏津全县仅存600多户、4 000余人。尽管此时夏津县人口很少，但桑蚕业仍是主要的贡赋来源之一，据明嘉靖《夏津县志》记载，洪武二十四年夏税"丝绵四十二斤六两五钱六分"。朱元璋主政后，利用行政命令手段，从山西洪洞县等地大举向山东迁移人口，夏津便是移居安置地之一。就在经济开始复苏之际，夏津又因朱元璋去世之后的权利斗争而再度受难，人口又减，直到嘉靖王朝，才算是社会较为平定、经济有所繁荣的时期。

明嘉靖《夏津县志》记载，嘉靖十年夏税"丝绵折绢二百九十匹九寸三分二厘二毫五"（丝绵二十两折绢一匹），丝绵产量已远远高出洪武年间；同时，对桑果的平均产量也有了明确记载，例如明嘉靖《夏津县志》载夏津"果之类十有一"等，这比徐光启《农政全书》（1607～1610年）中的记录要早了几十年。

①少：稍。　②巳，似应为"已"。　③消息：传递音讯。　④贡：进献给皇帝（的物品）。

明洪武二十四年贡赋记录（洪传春/提供）

明嘉靖十年贡赋记录（洪传春/提供）

清康熙十三年（1674年），知县朱国祥出巡夏津黄河故道时，见"沙漠荒凉，人烟凋敝""地半沙滩，不宜禾稼""且喻以多种果木，庶可以免风灾而裕财用"。当地百姓遵照知县意见，结合千年来的治沙造林经验，仿照前人继续在沙地中种植桑树果园，到了清朝中叶沙河一带已是桑树郁郁、一望无边。至20世纪20年代，夏津县的桑树种植达到鼎盛，据不完全统计，面积已达8万亩。相传这时黄河故道内树木繁盛，人们可"援木攀行二十余里"。

第四阶段：民国中期至21世纪初期，黄河故道古桑树群受战争和人为因素影响，再次遭受严重破坏；直到近几年，古桑树群的保护才受到大家的重视。

日伪时期，因为战争，大量树木遭到砍伐。新中国成立初期到"文革"期间，因以粮为纲、毁林造田，古桑树又遭劫难，只有在地形复杂、沙岗众多的村庄，古树才得以幸免，也正因为古桑树群的存在。全国三年困难时期，靠着桑树，附近村庄少有人因饥饿而亡。21世纪初期，随着农业机械的普及、灌溉条件的改善，新一轮的毁林开荒开始，桑果难保鲜，又因交通不便使得果实运不出去，虽年年丰收，经济效益却不高，导致古桑树又被大量砍伐，仅剩6000多亩。近几年，由于交通条件改善、效益突增，加上政策保护，古桑树群得以幸存，并且新植桑园又增万余亩。

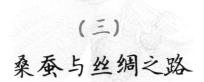

（三）
桑蚕与丝绸之路

桑蚕文化起源于中国，是中华农耕文明的重要组成部分，有着数千年的历史。蚕桑产业的传播孕育了闻名世界的"丝绸之路"，它不仅是连通亚欧的商贸大道，还是沟通东西方文化的桥梁，从而传播了中华文明、促进了东西方的经济文化交流。

据文献记载和文物考证，我们的祖先早在五千多年前的新石器时代就已开始栽桑养蚕。夏津县古时属兖州之域，据战国时的《禹贡》记载，兖州"桑土既蚕，是降丘宅土"。意思是说，水患既除，宜桑的地方就可以养蚕了，本已迁至高丘居住的人民，现在可在平地建立家园了。说明至少在战国时期，夏津先民开始将桑树作为水患之后的主要造林树种，并且开始发展蚕桑产业。

西汉汉武帝时的张骞首次开拓丝路和东汉时的班超经营西域并再次打通延伸丝路，将中国对外贸易的路线延伸到了欧洲和非洲，直接联通了西方和汉朝之间的联系。丝绸之路不仅是古代亚欧互通有无的商贸大道，还是促进亚欧各国和中国的友好往来、沟通东西方文化的友谊之路。在通过这条漫漫长路进行贸易的货物中，中国的丝、绸、绫、缎、绢等丝制品最具代表性，"丝绸之路"因此得名。而此时，经过五、六百年发展的夏津，作为北方地区最为发达的养蚕缫丝中心，理应成为陆上丝路重要的丝绸生产基地。

隋朝统一全国后重视发展农业，其中包括桑蚕业。唐朝时期，东西方经济文化交流出现了高潮，丝绸之路也繁荣无比。唐代丝绸之路的特点是陆海两路相继繁荣和交替。于唐代前期出现的陆上丝路往来高潮，是继汉代以来陆上丝路发展的"顶峰"，之后陆上丝路便失去了发展上的优势（相对海上丝路而言）；唐代中期之后，海上丝路发展迎来了重要的转折时期。

（四）
夏津县的桑产业

1. 桑产业发展的宏观环境

中国自古以来就以农桑立国，种桑养蚕、缫丝织绸是中国五千年文明历史的重要组成部分，是中华文明的象征。中国人自古以来对种桑养蚕存在着难以割舍的感情，这成为整个行业经久不衰的内在动力。植桑养蚕自古也是大产业，源远流长的蚕桑文化历史资源为发展桑产业提供了丰富的历史与人文基础。

植桑养蚕是桑产业发展的传统模式，时间短、见效快、收益高，一般情况下能达到"五当年"：当年育苗、当年栽桑、当年养蚕、当年嫁接、当年见效。随着科学技术的发展，桑产业链条正在不断延伸，利用桑叶、桑枝、桑皮、桑根、桑黄等开发的各种食品、保健类药品等价值很高，桑类产品在销售市场上已经呈现供不应求的趋势；同时，开展桑园间作套种、养殖畜禽等可实现综合经营和循环利用，可多途径提高桑园的产值与桑农收益，促进农民增收致富；利用蚕桑文化发展乡村旅游业，可以实现社会、经济、生态效益的统一。

目前葚果除直接采摘外，其深加工领域也极为广阔，终端产品有桑葚罐头、桑葚蜜饯、果汁、桑葚膏、桑葚酒等。还有从桑葚中提炼的天然色素——桑葚红，是其他果品无法替代的鲜果色素，其市场价格比黄金还贵。通过先进技术工艺加工而成的葚叶茶，是一种新型的时尚保健绿色饮品。此外，桑根、桑枝、桑黄、桑皮等中的抗氧化物质极其丰富，均可作为良药加工利用，且药用价值较高。

桑树是多年生木本植物，是一种长寿树种，生命力极其旺盛，抗性强，能够抗低温、耐高温、耐盐碱。桑树的根系非常发达，树冠宽厚，对遏制风沙、保持水土、绿化荒山等有非常良好的生态功能。桑树对土壤、气候有非常广的适应性，容易栽植，因此大面积推广极为方便。大力发展桑产业在绿化环境、涵养水源、净化空气方面有良好的生态效益，也符合绿色可持续发展的生态要求。

古葚酒（于晓辉/提供）

种桑养蚕属于劳动密集型产业，与其他国家相比，我国的农村劳动力资源丰富，种桑养蚕的劳动成本低，具有明显的优势。自古以来，我国就有"男耕女织""农桑并举"的农业生产习惯，桑蚕业也曾是很多地方发展农村经济、农民脱贫的支柱产业。通过发展桑蚕生产把农民留在土地上，不仅是一条促进农民增收的有效途径，还可以带动一大批相关配套产业的发展，促进农村经济的繁荣。

2. 桑产业发展的有利条件

战国至两汉时期，齐鲁之地植桑养蚕业发达，是中国农桑文明的发祥地之一。夏津县古桑树栽培历史悠久，规模庞大，据调查最盛时期夏津境内有8万亩之多的桑树。目前夏津县古桑树群主要集中在黄河故道森林公园内，约有6 000余亩，具有1 500多年的历史。夏津县如想发展桑产业扩大种植面积，可在原有基础上进行嫁接换种，既能减少投入，又可提前产出时间。同时，夏津县还有西南大学、山东农业大学等专门从事桑产业综合开发利用研究的技术依托单位，可在夏津县传统种植技术的基础上进行科学指导，提供果桑丰产、病虫害防治、桑苗嫁接等技术，为夏津县大面积栽植桑树的迅速开展提供有力支持。

夏津葚果地理标志证明商标

为最大限度保护夏津葚果这一特色地域性产品，夏津已经注册了夏津葚果地理标志证明商标；夏津县被中国中药材种植专业委员会评定为"道地优质药材种植基地"。自2008年以来夏津连续成功举办七届葚果生态文化

桑葚/桑叶道地优质药材种植基地

节，场面宏大，盛况空前。中央、省市级各大媒体纷纷宣传报道。随着对相关资源的深入开发，夏津已荣获国际生态安全旅游示范基地、中国重要农业文化遗产等称号，并列入"黄河文明"国家旅游线路，被评为"山东省旅游强县"。其在国内已经成功打造了"古树王国、葚果之乡"的生态旅游品牌。"中华葚果第一县"的品牌效应越发凸显。

3. 夏津县桑产业的发展现状

现阶段，夏津古桑树群产业主要在五个方面不断发展：

（1）鲜果生产 夏津年产葚果12 000吨，其中古桑葚年产7 500吨，鲜果销售量1 500吨左右，主要销往北京、石家庄、济南、青岛等地。少量鲜果利用航空方式销往深圳、厦门及哈尔滨、沈阳等地。

（2）葚干晒制 全县葚干年产量1 500吨左右，主要销往药材市场，然后再出口韩国。制干的桑葚必须充分成熟，其标志是果汁有较强的黏着力，品尝时各果甜味一致。

葚干（于晓辉/提供）

（3）鲜果加工 通过招商引资，夏津引进了东方紫酒业有限公司，主要加工葚果果酒，年产量 5 000吨。另外，夏津还有山东卡洛斯葡萄酿酒有限公司、圣源集团、山东鑫秋农业科技股份有限公司等本地葚果酒生产企业。

（4）葚叶茶制作 夏津有葚叶茶制作企业3家，其中夏津圣树源农业公司生产的"葚茗大宜"牌葚叶茶，质量上乘、十分畅销。另外鑫秋农业科技股份有限公司等本地企业及农民合作社也参与了葚叶茶的制作。

（5）发展休闲旅游观光业 夏津依托古桑树资源，重点打造夏津黄河故道森林公园，总投资15.6亿元，已建成颐寿园、杏坞园、香雪园、槐林生物园等生态园区。夏津还通过招商引资，引进德百温泉度假村、大云寺佛教文化园、东方紫桑文化产业园、万景养生养老基地等项目。

葚叶茶

大云寺

　　据《夏津县志》载，大云寺系"唐古刹，元末圮，明朝洪武建"，位于"县城东北30里许"，即今东李镇张法寺村。民间传闻，明初莱州郎中张福广从小立志悬壶济世，医术精湛，洪武二十四年（1391年）来此，见此处地势平阔轩昂，只是寺院已破烂不堪，香火冷落，并有感于医术"只医身体不医心"，于是皈依佛门，普度众生，誓将大云寺恢复往日盛状。张法师虔诚修造，募化重修，陆续收徒达30余人；法师圆寂后，弟子继其遗志，先后相承，历经60余年，明朝景泰年间大云寺已然成为规模宏大的佛寺。整个寺院占地450多亩，"六进四配"，殿宇层接，规制壮丽，建有三佛、护法、五百罗汉等诸多殿堂；主体建筑为寺院北部的千佛阁，占地1.9亩，高七丈二尺，特立云表，橀拱檐飞，流丹焕彩，被誉为"东省诸刹之冠"，明天顺时，被列为"夏津八大景观"之一。

　　大云寺因靠近明清时官道，香火隆盛，形成了每年正月十五与八月十五的两次香火大会。会期，男女老幼，携带供花供果，拎着香烛纸马，进千佛阁前来许愿。寺院大道两侧、千佛阁周围的摊棚店铺鳞次栉比，人涌如潮，摩肩接踵，商贾云集，买卖兴隆，一片升平景象。清朝乾隆年后，寺院见衰，香火冷落；民国初年，愈加破败，多数房屋被拆。后来，砖瓦逐年散失，连破败的影子也见不到了，周围十里八乡的百姓在言谈中，经常流露出对大云寺的惋惜之情。

　　大云寺历经千年，随着王朝兴替，其间几盛几衰，见证并影响了夏津的历史。夏津县位于鲁西北、冀东南交界处，不仅有佛教文化，而且黄河、会盟、运河等多种文化并存，和谐发展，传统文化积淀很深。由于多年来没有引起足够重视，许多传统文化已经失去了往日的风采，甚至几近消失，为"深挖历史文化、保护民间文化"，群众加大民间文化发掘和保护力度的呼声越来越高，特别是黄河故道森林公园开发建设后，通过对名胜古迹的保护和修复重建，赋予无形文化以有形载体，恢复和增加文化内涵，已成为各地游客与夏津群众的共同向往。于是，县旅游和民族宗教部门的同志主动联系、争取国家佛教协会等有关单位的支持，几经努力，新大云寺的规划、设计、选址、资金筹集等工作已经就绪。建成后的大云寺，将有钟鼓楼、弥勒殿、大雄宝殿、藏经阁、僧舍斋房各一座；院内栽种侧柏、银杏、雪松、古桑，院外栽植龙柏、古桑、法桐。林木幽深、烟云缥缈的大云寺，将以旅游、观光为主业，通过庙会、佛事等活动吸引周边游客。在这个新时代，大云寺等昔日名胜必将重新焕发光彩，再次成为夏津新景观。

黄河故道森林公园目前是国家4A级景区、省级森林公园，被授予山东省十大生态旅游景区、山东省最具成长力景区等称号；在国家旅游局拟定的首批国家旅游线路中，森林公园被纳入"黄河文明"国家旅游线路。自2008年开始，森林公园每年举办梨花节、葚果生态文化节、金梨采摘节等旅游节庆活动，通过节庆活动扩大了影响、提升了人气，成功打造了"游黄河故道、品千年葚果"生态旅游品牌，年接待游客达100万人次。

国家4A级旅游景区

随着人们生活质量的逐步提高和对桑葚营养价值的认知度越来越高，人们对桑树所产的产品的需求开始增长。目前，桑葚、桑叶、桑白皮等产品在我国中药材、医药保健和食品以及饮料等市场上的需求呈逐年上升之势，需求量每年以10%的速度递增，但产量却连年下降，市场缺口平均在50%左右，产品严重供不应求。因此，这些产品市场前景广阔，市场潜力巨大，产量及价格有较大上行空间。

4. 夏津县桑产业存在的问题

（1）认识不到位，政策引导不足，体制不够完善　由于桑产业在夏津历史上属于传统型农业，面积小，影响力不足，政府在制定县域经济发展政策时对桑产业认识不足，对桑产业发展所需的环境条件和发展前景没有一个系统的观念。目前县域经济发展的主要模式还是以工业立县，在政策上还是以工业项目为主，认识不到桑产业对农村经济发展的促进作用，谈不上因地制宜地发展桑产业，更没有对桑产业进行系统而科学的编制规划。同时，也没有建立相应的桑产业体制机构，系统性、宏观性地引领夏津县桑产业的发展。

（2）夏津县桑产业基础条件差，资源浪费严重，产业链条单薄且布局分散　一方面桑园单位面积经济效益不高。虽然发展到了一定的面积，但由于桑园大多分散栽植于农户承包的土地中，没有形成集中区域，普遍缺水、缺肥等；桑树品种以果桑为主，产量低、采摘费工；普遍存在重采摘轻利用、重栽轻管的粗放式经营现象，导致单位面积产量低、效益差。另一方面，资源浪费严重，桑加工技术落后，比较效益低，加之农村劳动力大量外出务工，桑农越来越少，造成大量资源闲置浪费。此外，夏津县桑企业数量太少，且没有龙头企业带动，产业链条太单薄。

（3）技术服务体系不健全，资金来源少，产业发展缓慢　夏津县的桑产业技术服务体系严重缺乏，体制不健全，桑树种植技术推广力量较弱，无法为桑农提供全方位的技术服务。目前全县没有一家桑技术推广部门，桑树主要集中区域苏留庄镇也没有专门从事桑树种植技术推广的人员，生态旅游区内相关村组也没有配备桑树种植技术辅导员。全县技术力量太薄弱，加之夏津县桑生产基地建设起步晚、规模小，难以列入国家、省级投资计划，相关经费来源少导致投入不足，严重制约了新技术、新品种的推广与普及，导致桑产业发展缓慢。

（4）产业化开发滞后，龙头企业带动力不强 长期以来夏津县虽然以葚果采摘为主的休闲旅游业发展比较迅速，但是在产业开发方面一直没有专门的葚果加工生产企业，直到2009年才有山东卡洛斯葡萄酿酒有限公司及2012年引进的东方紫酒业有限责任公司两家企业从事葚果收购及初加工。由于全县葚果年产量低，企业比较效益低，对产业带动能力有限，不能使夏津县的桑产业形成产、供、销一体化的格局，产业化开发滞后、企业带动能力弱。

风沙治理的伟大成就

三

山东夏津黄河故道古桑树群

（一）
丰富的生物多样性

黄河故道水利条件差，土壤质地松散，土地瘠薄、小气候恶劣，地面起伏不平，加之植被覆盖率低，水土流失易于发生，导致并加剧了生态环境的恶化，造成当地居民收入低、生活条件差的恶性循环。当地先民选择种植耐受性较强的桑树，并与其他果树、农作物和家畜进行复合经营，既解决了防风固沙的生态问题，又在黄河故道上保育了丰富的生物多样性，还解决了人们衣、食、住的问题，从而保证了治沙的可持续性和人类的繁衍生息。

1. 果树品种多样性

夏津黄河故道地区种植果树的历史悠久，树种多样，除桑树外，还包括梨树、杏树、桃树、枣树等，被誉为"小杂果之乡"。

桑树适应性强，耐旱、耐土壤贫瘠，在上千年的种植过程中，当地人民培育了多种葚果品种；近些年，又从外地引进了部分品种，品种资源相当丰富。其中，白子母是夏津独有的葚果品种，其果实长圆柱形，尖端稍细，中部大多不弯曲。果实成熟过程颜色变化为青绿—青白—玉白色。

果桑品种多样性

来源	品种
当地传统	大紫甜、白子母、白葚、红子母、江米葚、紫葚子、长柄白、小草莓
外来引进	大"十"、葚莓、红果1号、红果2号

白子母（于晓辉/提供）

　　根据果树带区划，夏津黄河故道位于温带落叶果树带。历史上，当地居民在黄河故道内种植桑树的同时，也相当重视系统内生物多样性的维持。根据当地的水土资源条件，他们在黄河故道内混栽了柿、枣、杏、桃、山楂、梨等果树，形成了丰富的果树品种资源，并收获了多样化的食品。该系统现保存百年以上古柿树、古杏树、古山楂树、古梨树等其他果类古树1万多株。

其他主要果树的品种多样性

种	来源	主要品种
梨树	当地传统	鸭梨、面梨、酸梨、酥梨
	外地引进	水晶梨、丰水、幸水、红香酥
杏树	当地传统	麦黄、麦黄节、芝白杏、姚河大杏、魁杏
	外地引进	金太阳、红丰、新世纪、珍珠油杏
枣树	当地传统	大白铃、落地酥、圆铃枣、胎星红
	外地引进	沾化冬枣、雪枣

梨花节（于晓辉/提供）

金杏采摘（于晓辉/提供）

古柿树（于晓辉/提供）

山楂（于晓辉/提供）

2. 农业生物多样性

　　古桑树与其他果树间作在黄河故道的沙地上创造了丰富的生态位，为各种农业物种的共存提供了条件，形成了非常丰富的生物多样性。据在当地的调查统计，目前古桑树群系统内种植的粮食作物有5种，经济作物达到38种，家养动物达到15种，养殖水产达到10种。其中，白玉鸟是夏津县独有的品种。

农业生物多样性

类别	种类
粮食作物	小麦、玉米、地瓜、谷子、高粱
经济作物	棉花、花生、大豆、绿豆、芝麻、大蒜、藕、油菜、马铃薯、山药、丹参、韭菜、白菜、萝卜、大葱、甘蓝、苤蓝、莴苣、辣椒、茄子、番茄、黄瓜、西瓜、甜瓜、冬瓜、南瓜、丝瓜、葫芦、西葫芦、茴香、芫荽、芹菜、油麦菜、苦菊、豇豆、芸豆、扁豆、菠菜
家养动物	猪、牛、羊、驴、骡、鸡、鸭、鹅、鸽子、鹌鹑、白玉鸟、大雁、鹦鹉、蜜蜂、狐狸
水产养殖	鲤鱼、鲫鱼、鲢鱼、草鱼、鳙鱼、小龙虾、南美白对虾、泥鳅、金鱼、锦鲤

夏津白玉鸟

夏津白玉鸟，又名金丝雀、芙蓉鸟，亦称雪雀，俗称黄雀。据民国年间《夏津县志》载："雪雀，黄白两种，亦有花者，通称白玉鸟。"其饲养史可上溯至明初，迄今已有600余年的历史。白玉鸟体形健美，略长于云雀，善啼，其啼声清脆婉转，交配期啼声终日不绝，久喂后可仿人吹口哨。毛色分黄、白两种，白者如无瑕之玉，黄者遍体乳黄。眼分红、黑，以毛色纯白、赤眼凤头的为上等。

白玉鸟是一种适于家庭养殖的观赏鸟，多以笼喂养，用以美化环境和调剂人们的精神生活，白玉鸟历来为出口创汇特产，远销南洋与西欧等地。

白玉鸟有较强的繁育能力，在温度为15～20℃时，一般每月产卵一窝，每窝有4～6个卵，产卵后孵化14天小鸟即可出壳，出壳后的小鸟生长18天即能飞翔。其性喜洁净，食盒水盏应每日清洗，暑期须备大小盏供其沐浴。平时以生熟小米为食，春、夏、秋应加饲苦菜，初春和冬季应喂以菠菜。

3. 相关生物多样性

黄河故道内较为复杂的地形地貌特征以及多样的生态系统类型，如沙地、农田、森林、湖泊等，形成了丰富的生态位。整个系统内，生物与环境之间和谐共生、相互作用，形成多种多样的植物和动物资源。

据初步调查统计，该系统内共有维管植物56科、148属、214种。其中蕨类植物1科1属2种，裸子植物2科6属7种，被子植物53科141属205种。另外，植物中木本植物栽培种共计11科28属60种，除杨柳科和榆科为生态防护树种外，其余均为果树品种；草本植物主要集中在豆科、菊科和禾本科，其中沙打旺、糙叶黄芪、柠条、草木犀、中华结缕草等对于涵养生态、保持水土、防沙固沙等具有重要的作用。森林公园内国家Ⅱ级保护植物有野大豆、中华结缕草2种。野大豆在森林公园主要散布于库塘、河渠等水边土壤潮湿的地段及颐寿园如意湖周边，中华结缕草在森林公园内主要散布于路边杂草群落内及土壤较为湿润的地段。此外，古树上还多生长着对环境要求苛刻的野生木耳、桑黄等菌落，体现出了系统的稳定平衡特征。

桑黄

桑黄是一种真菌，因寄生于桑树而得名，别名猢狲眼、桑耳、针层孔菌、桑臣等。桑黄子实体无柄，菌盖为扁半球形或马蹄形，木质，浅肝褐色至暗灰色或黑色。桑黄是一种名贵中药，古人称之为"树舌"，通常寄生于桑树、松树、杨树、桦、栎等树身腐朽之处。虽然寄生在树木上的真菌均可被称为树舌，但只有寄生于桑树上的树舌才是正宗的桑黄，而其他的则只能作为桑黄的替代品，且药效与桑黄有所不同。桑黄普遍生长在森林公园杏坞园和颐寿园的古桑树枝干上，菌盖呈扁半球形或马蹄形，平均厚3～10厘米，平均直径约8厘米，生长状况良好。每年7～10月桑黄生长的季节，漫步于古桑树林中，感受桑树厚重历史的同时，猛一见野生桑黄，让人倍感惊喜。

现代研究证实，桑黄能够提高人体的免疫力，减轻抗癌剂的副作用，所以可以用来辅助肿瘤病人的放疗和化疗。在中国，桑黄的使用从汉朝起至今已经有2 000多年的历史了，中国最早的本草学著作《神农本草经》就已经有了对"桑寄生"的药物功效记载。《本草纲目》记载桑黄能"利五脏，宣肠胃气，排毒气"；现代研究证实桑黄多糖能够缓解疼痛、食欲不振、体重减轻及疲劳倦怠等癌症特有的症状，提高生活品质。

黄河故道森林公园内野生脊椎动物共计有4纲17目33科60种，其中哺乳纲5目6科7种；鸟纲10目22科42种；爬行纲1目3科6种；两栖纲1目2科5种。国家Ⅱ级保护动物有灰背隼、红隼、短耳鸮、纵纹腹小鸮共4种。常见野生动物有喜鹊、灰喜鹊、短耳鸮、啄木鸟、杜鹃、珠颈斑鸠、黄雀、刺猬、蛇、兔、雉鸡等。从数量上看，森林公园内以雀形目鸟类为最多，成为一道独特的风景。

（二）
优美的生态景观

1. 森林植被景观

　　夏津黄河故道森林公园内的植被主要为人工栽培植被，森林植被景观主要为桑、梨、杏、柿、杨等落叶阔叶林景观。

　　（1）桑群落景观　桑群落集中分布在森林公园的颐寿园和杏坞园，面积400公顷，跨越元明清三代。据调查，桑群落平均胸径可达70厘米，平均树高6.8米，平均冠幅达7.8米。大部分桑树树龄已过百年，其中最大者胸径可达106厘米，树高15.3米，冠幅14米。桑林下草本植物稀疏，种类很少。森林公园绿化地段多长禾本科草坪草、葡萄科的五叶地锦等，其余地段长禾本科的狗尾草、小画眉草和锦葵科的苘麻、牛筋草，菊科的蒙古蒿、猪毛蒿、刺儿菜、毛地黄、蒲公英、车前草、苦苣菜，豆科的糙叶黄耆等，地面三季有苔藓，秋后地面上又有多种蘑菇及马勃等真菌。桑群落春季迎风吐绿、夏季枝繁叶茂、秋季遍洒金黄、冬季霜枝傲雪，随季节变化而展现出不同的风韵，正所谓春引人思、秋惹人醉、冬让人迷，孟夏时节各类葚果的美味和丰裕，更是给慕名而来的四方游客带来了无上的享受。

桑群落冬季景观（于晓辉/提供）

（2）柿群落景观　柿群落主要分布在森林公园金柿园，位于苏留庄镇前屯村以南，本群落立地条件为沙岗地，起伏比较明显，岗顶部和低地间的相对高差约有5米。现存有古柿树500余株，其中百年古柿树300株，古柿平均树高6.3米，平均胸径55厘米，平均冠幅9.1米。柿林下草本植物种类贫乏，主要为禾本科的狗尾草和藜科的尖头叶藜、苋科的反枝苋、凹头苋等，群落平均高20厘米。柿群落郁郁苍苍、古朴遒劲；金秋时节，柿果金黄，点缀一片绿野，煞是好看。

柿群落景观（于晓辉/提供）

（3）梨群落景观　梨群落分布在森林公园古梨林片区的香雪园，位于义和庄南侧，面积约70公顷。据考证，这片梨树初植于1874年（清朝同治十三年），树龄百年以上的古树多达2 000余株，平均树高6.2米，平均胸径57厘米，平均冠幅9.2米。森林公园内的梨品种繁多，有鸭梨、香酥、面梨、九五香、晚三吉等20余种。梨群落林下草本植物稀少，主要有茜草科的茜草、菊科的小蓬草、旋覆花、蒲公英、苍耳等。清明时节，梨群落千树万树花开如雪，穿行其中宛若置身蓬莱仙境，令人如痴如醉、流连忘返。金秋时节，梨果挂满枝头，金黄闪闪，令人垂涎欲滴。

（4）杏群落景观　杏群落分布于森林公园杏坞园周边，面积约0.67公顷。森林公园中的杏品类多样，主要有红脸二麦黄、红半个、红花节、红铃铛、串枝红、三变丑、破核、酸白、红梅子、大白水杏、金黄

梨群落景观（于晓辉/提供）

杏、鹅翎白、红巴旦、白巴旦等60多个品种。杏树平均高3米，胸径15厘米、冠幅5米。杏林下多栽培花生、红薯等传统作物，地被草本植物种类不多，仅有狗尾草、狗牙根、白茅等禾本科植物。每到大杏成熟之时，远远望去，滚滚绿浪之中，累累红杏挂满枝头，令人垂涎欲滴。

杏群落景观（于晓辉/提供）

山楂群落景观（于晓辉/提供）

（5）山楂群落景观　山楂群落主要分布在森林公园内颐寿园景区如意湖西部。本群落内分布有大小山楂树50余株，长势良好，平均树高将近4米，胸径20厘米，冠幅6米左右，最大的胸径约40厘米，冠幅可达8米。山楂群落林下草本植物茂密，群落高可达0.8米，主要为藜科的尖头叶藜、刺藜，旋花科的菟丝子，茄科的曼陀罗，菊科的蒙古蒿、猪毛蒿等。每值秋季，姿态优美、红果累累的山楂垂挂在林间树梢，于此时漫步在林间小道，好不惬意。

（6）枣群落景观　枣群落位于杏坞园观景亭岗丘地带，分布面积约0.33公顷。群落中枣树约有50株，高度在6～8米，平均胸径15厘米。枣群落林下植被主要有地锦、狗尾草等，并有少量幼树更新，高度在1米左右。金秋时节，串串红枣镶嵌枝头，与闪闪绿波相映成趣，美丽如画。

枣群落景观（于晓辉/提供）

（7）刺槐群落景观　刺槐林主要分布在森林公园的槐林园和南双庙村外围区域，面积约40公顷，群落高度在12米左右，平均胸径15厘米，平均冠幅5米，郁闭度可达80%，其间有侧柏、毛白杨、白榆、黑杨零散分布，林中灌木多样，有柘树、桑树、杜梨等。林下草本植物有所发育，但种类不多，主要为桑科的葎草，葡萄科的地锦，禾本科的狗尾草和卵穗苔草，萝藦科的地梢瓜、萝藦，蔷薇科的委陵菜等。刺槐林下植被更新良好，每公顷更新幼苗株数可达450株，个别幼苗已进入林冠层下部，林内垂直郁闭度亦比较高，已经呈现出较为典型的北方落叶阔叶森林景观。槐林群落集合了清、幽、静、雅的森林之美，林下芳草萋萋，林中百鸟相鸣，林上绿荫如织，确是一片让人修身养性、忘却喧嚣的佳境。

刺槐林群落景观（于晓辉/提供）

（8）香椿群落景观　香椿群落主要分布在森林公园颐寿园景区如意湖西侧。本群落内共有香椿十余株，树冠覆盖地面面积约0.03公顷，香椿单株胸径可达15厘米，树高约7米。林下植物主要为藜科的尖头叶藜、苋科的反枝苋，群落高度达可1.5米。香椿干形挺拔秀丽，亭亭如伞盖。

香椿群落景观（于晓辉/提供）

（9）混交林群落景观　混交林群落主要分布在森林公园靠近南双庙、后屯、后籽粒屯、温辛庄等村的沙丘上，总面积约40公顷，主要树种有刺槐、杨树、桑树、梨树、榆树、枣树等。林下有紫穗槐、刺槐、榆树、枣树等幼树，平均高约1米左右，林下草本植物主要有狗尾草、虎尾草、马兰、蒺藜、小藜、马齿苋、葎草、木贼、地锦等。混交林群落在森林公园自成一景，是典型的北方落叶阔叶林景观，林木深邃幽致，别有韵味。春有梨花开，夏有槐花香，秋有硕果，冬有皑皑白雪挂满枝干。置身其中，令人心平气凝、爽心悦目。

混交林群落景观（于晓辉/提供）

杨树群落景观（于晓辉/提供）

（10）杨树群落景观　杨树群落主要由森林公园内纵横交错的防护林带及片林组成。杨树群落面积约520公顷，高度多在10米以上，林龄6年以上，胸径30厘米左右，冠幅可达4米。杨树林下植物主要有禾本科的狗尾草和藜科的尖头叶藜、茜草科的拉拉藤、葡萄科的地锦等杂草。杨树群落占森林公园植被群落的绝大部分，从上向下俯瞰，如浩瀚林海，郁郁葱葱。

2. 古树名木景观

（1）佛手桑　杏坞园有森林公园最古老的一株桑树，树龄800年以上，树高15.3米，底部周长3.7米，胸径106厘米，冠幅14米。五根粗细相当的枝干犹如五子登科，向四周斜刺儿展开，将树冠撑起，五大主枝同归于一个树根，宛如佛祖手掌，传说为"佛手桑"，五枝分别代表"福、禄、寿、禧、财"。据说在这里虔诚许愿，就能梦想成真。桑树素被称为佛树，这一称呼起源于泉州开元寺，寺的大殿上方有块巨匾写着"桑莲法界"，以应桑开白莲的传说。佛手桑以一种老者特有的成熟、稳重、慈祥的气息立于桑林中，树形美观，独木成荫，具有良好的震撼性景观效果。苍劲的树干上写满了沧桑和历史，写满了风风雨雨的岁月。

佛手桑（于晓辉/提供）

（2）帝王树　颐寿园的入口处正对着一棵主干粗壮、高大挺拔的桑树，树龄300年以上，胸径80厘米，树高10米。三根侧枝如盘龙卧虬，粗大的枝条婉转着向上延伸。相传乾隆皇帝下江南时，因天气炎热且路途遥远颠簸，龙体抱恙。大臣向周遭百姓问寻避暑之地，结果来到了这片古树参天的世外桃源。时值桑果成熟之际，乾隆在这棵树下乘凉并浅尝桑果后顿觉神清气爽，因而龙颜大悦，对周遭百姓大加封赏，称桑果为"大地天果"；当地百姓感谢乾隆恩泽，称这棵树为帝王树。

帝王树（于晓辉/提供）

（3）四大天王　颐寿园深处的古桑树群中，有四棵排列方正的古桑树，树龄300年以上，胸径80厘米左右，树高约10米左右。当地百姓认为，这四棵树代表着《西游记》中"风调雨顺"四大天王，分别是司风持剑的南方增长天王、司调拿琵琶的东方持国天王、司雨执伞的北方多闻天王和司顺持蛇的西方广目天王。如同四大天王的四棵古桑树犹如一柄柄巨伞矗立着，诉说着数百年的风雨，代表着当地百姓朴素的愿望，保佑着夏津一方水土风调雨顺。

四大天王（于晓辉/提供）

（4）仙女林　颐寿园中与"四大天王"一路之隔的是7棵栽植成近圆形的古桑树，它们的树龄达100年以上，胸径50厘米以上，树高7米左右。七株古桑树姿态不同，但都亭亭玉立、婀娜多姿。传说这7株古桑是七仙女的化身，七仙女途径桑林时曾施用法术让夏津百年古桑树林中的百树茁壮成长，果实可治百病，古桑枯木逢春、长出新枝并慢慢长成参天大树，果实也日渐饱满、味道甘甜。

仙女林（于晓辉/提供）

（5）双龙戏珠　颐寿园中的"双龙戏珠"是夏津一带远近闻名的古树，"卧龙树"和"腾龙树"两株久经沧桑的古树相依相伴，树高4米，胸径为53厘米，树龄已有600多年，冠幅为7米左右。两株古树蟠龙蛰伏，树干已经朽枯，树身也有巨大镂空，让人颇感沧桑，但是枝叶葱郁，果实产量不减他树，树形苍劲有力，是孤赏的绝佳树种，也是很好的冬景树。"卧龙树"犹如卧龙翘首，在猛烈的海浪中翻腾，体现了旺盛的生命力。"腾龙树"给人以腾云驾雾的感觉，宛如一条巨龙，蕴藏着古树的神秘韵味，增添了景区的传奇色彩。古有诗句赞道"老树屈曲一苍老，枝叶葱茏干中空。鳞皱恰如巨巉体，蜿蜒浑似怪蟒行。飞腾堪似滂沱雨，盘旋欲成扶摇风。光武御翰题点日，物换星移几秋冬？"（于晓辉/提供）

卧龙树（于晓辉/提供）

腾龙树（于晓辉/提供）

（6）母子古桑　颐寿园入口西侧有一株树龄600年左右的古桑树，胸径50厘米，树高6米左右。古桑树盘根错节、两叉同根，一侧枝冠幅开阔，一侧枝高大挺拔，像一对母子相互依偎，母枝以博大的胸怀拥抱高耸入云的子枝。

母子古桑（于晓辉/提供）

（7）神龙摆尾　颐寿园桑林中古桑树众多，其中有一株百年以上的古桑树胸径30厘米左右，树高5米左右。盘根错节，枝桠横卧，枝头气宇轩昂、盛气凌人，仿佛游龙出世，让人看罢不禁惊叹其姿态之美、姿态之奇。

神龙摆尾（于晓辉/提供）

（8）梨王伉俪　香雪园中央，有一株梨树王驰名当地。梨树王高5.3米，胸径96厘米，树龄150年。古梨树干皮苍黑、铁干嶙峋、乌鳞斑驳、枝桠遒劲、横空逸出。在梨树王旁边，还有一株"梨王后"，树高4.5米，胸径70厘米，铁枝横斜、虬曲如龙。开花季节，花白如银，缠裹掩映，洒漫天寒香。

梨树王（于晓辉/提供）

（9）古柿王　森林公园金柿园有一片柿子树，其中最大的一株古柿王树龄达600年之久，树高18米，胸径80厘米，冠幅12米。树冠呈半圆伞形，干枝粗壮，叶幕厚重，裸根十余条，如群龙盘踞、气势刚猛。

古柿王（于晓辉/提供）

（10）如意树　古柿王旁边有一株古柿树，树高14.2米，胸径75厘米，冠幅14米，树龄600年左右。因为柿子寓意"事事如意""百事大吉"，当地人称之为"如意树"。如意树虽历经风雨，却依然枝繁叶茂，仍能年年开花、岁岁结果；主干通直，少有倾斜，枝干分布均匀，无数分枝曲折密叠，形成球形树冠。

如意柿树（于晓辉/提供）

（11）比翼山楂　在颐寿园如意湖旁山楂林的一端有两株山楂树，树龄百年以上，胸径35厘米左右，高8米左右，冠幅6米左右，树形优

比翼山楂（于晓辉/提供）

美。两株山楂树栽植距离较近，根系相互缠绕；树冠展开在空中相连，仿佛两只鸟翅翼相接。远远望去，两棵山楂树形态犹如"在天愿作比翼鸟，在地愿为连理枝"。

（12）古杏王 森林公园杏坞园入口不远有一棵百年以上的古杏树，胸径45厘米左右，树高8米左右，冠幅8米左右。相传乾隆南巡时曾在此休息，食了古杏树的杏果后不渴不乏，赞之为"灵杏""金铃铛"。古杏树枝干健壮，枝头如伞盖，近黑色的干皮扭曲上长，仿佛在风雨中指明沧桑，在烈日下晾晒凄惶，在北风下清点岁月流痕，在绿波中酝酿青春希望。

古杏王（于晓辉/提供）

夏津黄河故道森林公园主要古树统计

序号	古树（群落）名称	面积（公顷）	株数（棵）	平均树龄/树龄（年）	平均树高/树高（米）	平均胸径/胸径（厘米）	平均冠幅/冠幅（米）	主要分布地点	长势
1	古桑群落	400	20000	100年以上	6.8	70	7.8	颐寿园、杏坞园	良好
1.1	"腾龙桑"	-	-	600年以上	8	50	6	颐寿园	良好
1.2	"卧龙桑"	-	-	600年以上	5	53	5.9	颐寿园	良好
1.3	"桑树王"（佛手桑）	-	-	800年以上	15.3	106	14	杏坞园	良好
1.4	"双龙戏珠"	-	-	600年以上	4	53	7	颐寿园	良好
2	古楸群落	10	300	100年以上	6.3	55	9.1	金楸园	良好
2.1	古楸树	-	-	600年以上	15	106	18	同上	良好
3	古杏群落	0.67	20	100年以上	5.6	56	6.5	杏坞园	良好
4	古梨群落	70	2000	100年以上	6.2	57	9.2	香雪园	良好
4.1	古梨树	-	-	600年以上	14	95	11	同上	良好

3. 农林景观

黄河故道森林公园位于平原地区，在这里农林间作密不可分，形成了农林交错的景观，面积约200公顷。杏树与花生，桑树与绿豆、辣椒、地瓜，梨树与红薯，桃树与棉花，杨树与玉米等林农套种现象随处可见。林下套种的杨树一般高2米左右，林龄2～3年；套种的桑树、杏树、桃树等一般高2～3米，林龄3年左右。花生、绿豆、红薯等农作物在季节变换中不断更替，极大丰富了森林公园杏树林、梨树林、桃树林、桑树林的景观效果，成为了黄河故道地区一道独特的风景线。

田野里的棉花，花开花落，总把美留在人间。更令人惊奇的是棉花花色多变化，初开时花朵是鹅黄、粉白、乳白色，柔嫩、美丽，不久转成深红色，可谓绿色棉田锦上添花；花儿凋谢留下绿色棉桃，此时不是花，胜似花，其内棉籽生长出毛绒绒的花，待到棉桃成熟日，一朵朵白云镶嵌在紫红色的棉株上，顿时棉田成了雪白的海洋。

玉米地是最通俗、最普通的庄稼地，给人一种天然的亲切感和可靠感。在自然的田野里，静穆的庄稼不会造作，也没有矫情。漫步于杨树下，徜徉于玉米田边，一望无垠，微风过处，漾起层层碧绿的波浪，令人浮想联翩。郁闷之感，随着那叠叠的绿波，被抛向天边，甩向远方。

独特的农林交错的景观，不仅让人们欣喜于果树的春华秋实，更感动于树下田间的勃勃生机。

农林景观（于晓辉/提供）

4. 沙丘景观

森林公园位于黄河故道腹地，为黄河冲积平原，园内微地貌类型复杂，岗丘密布、连绵起伏，形成平原地区少见的天然沙丘起伏地形，极大地丰富了地文景观内容。夏津八景之一的"茫沙烟雨"就是黄河故道沙区的烟雨景观。

森林公园沙丘在槐林园、金柿园、颐寿园、杏坞园等均有分布，展现出岁月流逝中自然和人类共同作用下的平原沙漠风貌的变化。森林公园有大小沙丘668个，山丘高2~8米，宽1~100米不等。沙丘连绵起伏，高低起伏较缓。沙丘圆滑流畅的线条与柔和的色彩，以及果林茂密、旭日东升、晚霞夕照的壮观景色，是大自然的神妙之笔。

如今的夏津黄河故道，沙丘连绵、远望如山。连绵的沙岗上，松、柏、榆、槐、桑、杏、柿、杨树繁杂，形成了绵延数十里的森林。这里的四季景色美不胜收，称得上"沙山叠翠"。

沙丘景观（于晓辉/提供）

（三）
重要的生态功能

1. 固沙保水

　　雨水对土壤的溅蚀能力是影响水土流失程度的关键因素。据研究表明，雨水对土壤的冲击主要由枝叶及根系两方面决定。发达繁茂的枝叶能够有效拦截雨滴，起到缓冲作用，其发达的网状根系则可以在雨滴到达地面后起到滞流挂淤的作用，从而达到保持水土的效果。

　　用桑树营造水土保持林充分利用了桑树根系发达、叶阔枝繁的特征。黄河故道的古桑树属深根系乔木，主根系深只有1～2米，而侧根最长超过9米，水平根和垂直根综合配置，形成了一个立体交叉的吸水固土网络，这个庞大的根系网73%分布于0～40厘米的土层中，能有效地固持土壤、截持降雨，具有极强的遏制风沙、保持水土的能力。发达而能储水的地下根系网络，足以保证桑树在年降水量250～300毫米的干燥气候条件下地上部分正常生长所需要的水分供应。研究表明，在同样坡度的陡坡耕地上，栽桑比种植粮食作物可多减少水土流失达50%以上。

古桑树根系分布（孙雪萍/提供）

2. 防止风蚀

夏津县沙地为黄泛沙地，是典型的季节性风沙化土地。风蚀一般在地面农作物稀少和覆盖率不高的春季（2~5月）最为严重，其次是冬季（10~1月）。这是由于湿润的生长季节这里多为人工植被所覆盖，风沙化过程暂告中止。在干旱的冬春季节（1~6月份）这里降水较少，蒸发量很大；地表覆盖物较少且风速较大，夏津县多年平均风速3.7米/秒，春季风速最大为6.4米/秒，大于起沙风速（≥4米/秒）。干旱和季风同步的气候特点使这一时段成为区域风蚀性水土流失最为严重的时期。

以古果树为主、毛白杨等速生林为辅的沙河地护田林带的防风沙效益显著。由下表可以看出，林带前3~5倍树高处风速减弱16.3%，林带后5~20倍树高处平均减弱3.33%。由于林带的防风作用主要取决于其结构和高度，因此随着林龄的增加，防风效益将愈来愈明显。

护田林带对风速的影响

林带	通风系数	旷野风速	林前（米/秒）		中心	林后		
结构	（%）	（米/秒）	5小时	3小时	（米/秒）	5小时	10小时	20小时
疏透型	56.5	9.2	7.7	7.7	5.2	4.5	6.5	7.4
与旷野相比（%）	100		83.7	83.7	56.5	48.9	70.7	80.4

3. 土壤改良

黄河故道古桑树群发育在沙河内及决口扇形地的沙丘地带上，为典型的风沙土分布区。该地区土壤剖面为沙质土壤，表土为松沙土，土壤孔隙度较大，水气热不协调，漏水漏肥，土壤养分含量较低，各项指标均低于全县平均水平。20世纪80年代以前风沙土不适宜种植任何作物，当地农户以植树造林为主，基本不施肥，土地贫瘠，有机质和氮磷钾俱缺。土壤侵蚀会带走大量的土壤营养物质，主要有土壤中的有机质和氮磷钾等。

得益于古桑树群系统的防风固沙功能及传统耕作方式，当地风沙土的土壤质量于近30年得到了较为明显的改良，各项指标均较20世纪80年代有不同程度的提高。现今，黄河故道古桑树群所在土壤的营养指标能够满足大部分作物的生长需求。

古桑树群地区土壤主要养分含量及与全县平均比较

指标	1982年	2013年	全县平均
有机质（克/千克）	4.0	9.3	10.6
全氮（克/千克）	0.3	0.8	0.8
有效磷（毫克/千克）	2.0	15.7	17.6
速效钾（毫克/千克）	78.8	128.0	143.0
水解性氮（毫克/千克）	49.0	74.0	82.0

4. 大气调节

　　桑树是一种多年生木本阔叶植物，其光合作用强、生长茂盛，生物量和碳储量均较大，是较好的碳汇林树种。初步估算，每公顷桑树年吸收二氧化碳约49.29吨，折合纯碳13.43吨，年释放氧约为35.85吨。此外，桑叶对大气中的氯气、氟化氢、二氧化硫等污染物有很强的耐受和吸收净化能力。在二氧化硫体积分数为0.79×10^{-6}的条件下熏气6小时，每千克干桑叶可吸收二氧化硫5772.6毫克，每立方米桑林每天可吸收二氧化硫气体20毫升。桑树还具有极强的金属污染物吸滞能力，对大气污染物铅、镉的吸收能力在24种测试绿化树种中分列第一和第二位。此外，桑树的叶面滞尘量可达4.617–6.153克/平方米，是很好的绿化树种。

　　根据黄河故道森林公园颐寿园、香雪园和槐林园三个空气监测点位二氧化硫、二氧化氮和PM10的监测结果，森林公园大气质量符合GB3095–2012《环境空气质量标准》中的一级标准。连续三日对颐寿园、香雪园和槐林园的空气负氧离子含量采样分析，结果平均负氧离子含量于颐寿园为1.03万个/立方厘米，于香雪园为1.07万个/立方厘米，槐林园为1.3万个/立方厘米，远远超过世界卫生组织规定的清新空气的负氧离子浓度不低于1 000～1 500个/立方厘米的标准。对黄河故道森林公园内外的小气候进行观测研究，结果表明：园内冬春统计风速比园外降低30%；6月份林内气温较林外降低3.2摄氏度，0～20厘米地表温度降低1.7摄氏度。

四

因地制宜的
农业典范

山东夏津黄河故道古桑树群

（一）
复合的生产系统

1. 空间立体

夏津人民在农业生产过程中，通过改善自然环境，在垂直和水平结构上创造出丰富的生态位，广泛开展间作、林下种养殖等农业生产方式，充分利用光热水土等自然资源，是一种典型的资源节约型、环境友好型的生态农业模式。

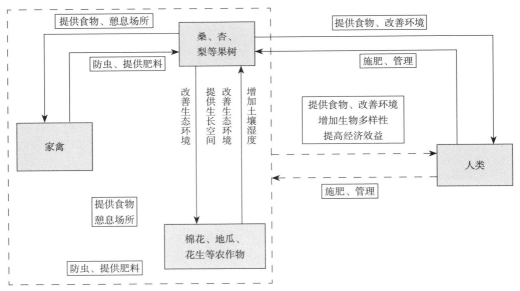

系统种植结构图（刘伟玮/提供）

一方面，当地人民将棉花与小麦、绿豆、西瓜、青椒等多种作物进行间作，另一方面，桑树、杏树、梨树等果树又与作物在更大的尺度上进行间作，起到防风固沙、改善农作物生长环境的作用，从而使得整个农业生产系统保持在一个稳定、多样化的状态。同时，人们开展了多种多样的林下种植模式。一般在新植年幼的桑、桃、杏、梨、苹果、山楂及杨树等树下，均有种植地瓜、花生、豆类、油菜、草莓等作物；在梨、杏树等老树下，一般会种植地瓜、花生等。此外，人们还在树下和周边散养鸡、鹅、羊等牲畜，充分利用林地空间。

2. 时间多维

以一年为周期，古桑树群系统的农事安排可明显分为紧密衔接的三个阶段：果木管护、果实采收和林下作物种植。

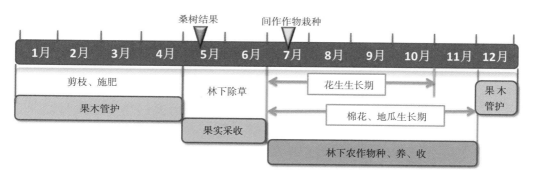

古桑树群系统的农事安排（孙雪萍/提供）

（1）果木管护　每年秋末冬初（约11月份）至次年初春（3～4月份）为果木管护阶段。与华北平原一年两季的传统农耕安排不同，这期间林下不再栽种农作物和经济作物等。果农可利用这段时间对杏树、梨树、桑树等果木进行枝条整形修剪、蓄肥穴施、虫害防治等。

（2）果实采收　每年5月份开始便进入了古桑树群系统的果实采收阶段。在主栽桑树的情况下，桃、杏、梨、柿子、山楂等多种其他果树，使得古桑树群农业系统内自小满开始至霜降，均有鲜果生产。其中，桑葚成熟最早，约5、6月份便可采摘食用。在采收桑葚前，果农多要进行林下除草工作，以防桑葚在采收时落入杂草中不便捡拾。

（3）林下作物种植　以桑树为例，7月份采收果实后，果农便开始在幼龄桑树下间作种植花生、地瓜、棉花等适宜沙地种植的作物。花生、棉花的成熟期约在10月份，地瓜成熟约为11月份前后。这一时间段内，桑树果期已过，作物生长的光热条件较为充足。

古桑树群系统的农事安排充分体现了系统内各部分间的互补性及协调性，最大限度地实现了对光热等资源的高效利用。这种农事安排填补了以果木林为主的古桑树系统年内生产活动上的空窗期，提高了单位面积土地的生产力。同时，这种适度开发利用型立体农业模式，较好地实现了古桑树群系统生产与保护的完美契合。

3. 功能多样

黄河故道的土壤主要为风沙土，土壤贫瘠且易扬沙，选择种植适应性和抗性均很强的桑树并开展多样化复合种养殖，在抑制风沙、改善小环境的同时，通过养蚕、缫丝、生产各种丝产品，采集桑果和其他水果以及桑皮和桑黄等药材，种植其他农产品，从衣、食、住、药等方面保障了当地居民自给自足的生计。

桑树寿命长，进入产果期后年年都是盛果期，千年的古桑树也能结果。一棵古桑树平均年产桑果400千克，鲜叶225千克。桑果可以直接食

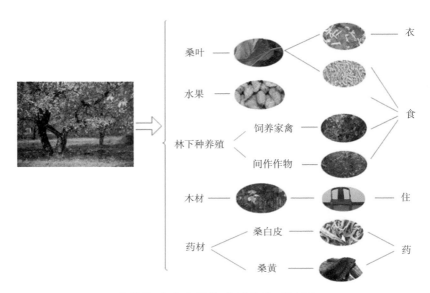

多样化的产品供给（刘某承/提供）

用，也可制作成葚干、葚糕、葚粥；鲜叶可以用于养蚕缫丝或养殖其他家畜，也可做成桑叶菜、桑叶粥、菜饼、菜团等；桑木的光泽强，无特殊气味，多具鹿斑花纹，可制成椅子、板凳，小的桑树枝还可制成痒痒挠等小家什；桑根、桑枝、桑黄、桑皮等中的抗氧化物质极其丰富，均是传统的中药材。

号称"春果第一枝"的桑葚，在夏津的成熟期一般在小满前后。在此期间，麦子待熟，青黄不接，正是一年中最困难的时期，当地居民采摘鲜果度缺粮之季，同时把桑葚晒成干，当作粮食储存、周年食用。而桑叶也是很好的食材，灾荒之年，百姓采而食之，用它做菜窝窝、熬粥。

同时，黄河故道森林公园内通过多种木本果树间作、农林复合经营等方式，改善了黄河故道沙地的立地条件，并生产了其他重要的农产品。果树间作在避免纯林模式的同时提供了多种木本水果；林农间作和林下家禽饲养，可以满足居民日常生活的部分需要。以桑果为主的多种木本水果及其副产品，通过种植、采摘和旅游等多种经营方式创造的经济收益约占当地居民家庭总收入的67%。

刘秀御笔题天果

在夏津县黄河故道森林公园中，沙丘绵亘，树木浓密，除了苹果、梨、柿、枣、杏、山楂等果品外，还盛产一种紫白相间的桑葚，这是黄河故道森林中的特产。其个大肉嫩，晶莹透明，真是"软似脂，甘如蜜"。这种桑葚含有丰富的营养成分，具有较强的生血、乌发、养颜等药用功效，被人们称之为"天果"。说起这"天果"的来历，还有一段美丽的传说呢。

西汉末年，刘秀率大军南征北伐，曾途经鄃城（夏津古称）。时因军粮匮乏，全军上下每人日仅食一餐，军中颇有怨恚之言。又因当地连年歉收，兼之青黄不接，军粮补给无着。刘秀心情抑郁，闷坐帐中，百思无计。

忽然，大将马武推帏进来，风尘仆仆，拱手贺道："主公洪福，军粮已得矣。"刘秀惊问："自何而得？"马武神色飞扬，拍额说："此地北有沙山，绵亘相接，其上林木葱郁，杂果飘香，目下蜜葚已熟，岂不可疗饥哉？”当下二人飞身上马，直奔沙山葚林而去。

沙丘处在原老黄河故道中，树木浓密，林间幽然。清风习习，细草如茵。棵棵葚树，干可合抱，权桠相接，枝叶蔽日。二人舍骑步行，徜徉林中，但见葚果累累，个大汁浓，紫白相间，密密层层。刘秀顺手摘一颗放入口中，咂舌细品，真真是“其软若脂，其甘如蜜”。刘秀欣喜异常，于是脱下身上锦袍，披于马武肩上，说道：“将军真吾心腹也！”

刘秀当即传令，大军北进，分批采食，务得个个饱餐。说也奇怪，葚经采食仍不见少，刘秀大喜，以手加额，仰天说道：“此天助我也！北征必胜焉。”于是又令军士各采摘一包，以备翌日之餐。又命取来笔砚，挥毫书下“天果”二字，镌之于石。可惜，后因世事沧桑，碑已失其所在。

得葚之补给，刘秀军大获全胜。后来，东汉定鼎，刘秀分封勋臣，遂将马武封为“郿城侯”，并以其地为之食邑。至今在当地民间，仍流传着“刘秀御笔题‘天果’的故事，成为人们茶余饭后饶有兴味的话题（整理 李宏升）。

（二）
丰富的农业知识

1. 繁育技术

夏津黄河故道地区的桑树栽培历史悠久。在长期的栽培过程中，桑农们不间断地进行品种的人工选育工作，在桑园选育优良品种。历史上，选育的标准主要依据是：果实产量高、含糖量高、有香味、颜色好。

种子繁殖和无性繁殖都曾用于桑苗繁殖。其中种子繁殖是古代最常用，也是最基本的一种繁殖方式。无性繁殖主要包括：扦插、压条和嫁接。

（1）播种育苗繁殖方式　采种时应选择叶大、叶肉厚、抗寒的母树，于桑葚成熟后大多呈紫黑色、于少数为白色时开始采种。采回后应及时淘洗取种，当天不能取种的要把桑葚堆放到阴凉处。把成熟的桑葚拌入20%草木灰，搅拌后再冲去果肉和杂质，取沉底的种子阴干，即可播种或储藏。

春播时一般在地表5厘米以下的地温达到20摄氏度时播种，当年育成壮苗。播种分为条播和撒播。条播行距20～30厘米，沟宽约4厘米，深1厘米。撒播时应把种子均匀地洒在畦面，盖沙1厘米左右。种子播下后要保持湿润和及时浇水，并进行相应的补苗和施肥等，苗木第二年便可造林。

（2）嫁接育苗　夏津黄河故道地区桑树良种繁育的主要方式是嫁接繁殖，嫁接方式多为插皮接。嫁接一般在每年的3～4月间进行，即枝条尚未萌芽之前。嫁接时用古树发出的一年生的新枝作为接穗，截取桑树粗壮的树根作为砧木，将接穗插入砧木切口处，用桑枝皮捆绑，以棉絮保护创面。而后将其埋入土中，不需浇水，直接等待嫁接苗发芽成活，现在果农们还在使用这个方法。此外还有春季高接、生长季节芽接等方式，但是成活率不高。

从现有的古桑树栽培情况来看，当时的人们是按照一定规格（通常8×10米）栽植桑树的，这些比较早的古桑园全部为直栽造林，其形式在果树栽培中独树一帜。俗说"桃三杏四梨五年，葚子当年就卖钱"，这就是说桑树栽培第一年就能结果，但这里栽的并不是成品苗，而是当年的嫁接苗。

桑树嫁接（王斌/提供）

有关桑树嫁接技术的描述在诸多古书如《务本新书》《农桑辑要》《农政全书》中均有提到。其中，《农政全书》中提到桑树嫁接时要"皮肉相向""皮对皮""骨对骨""更紧要处在'缝对缝'"。皮指表皮及韧皮部，肉和骨指的是木质部，而"缝"指的是产生愈伤组织的形成层。由此可见，夏津黄河故道古桑树群系统在桑树栽培上所采用的嫁接技术在当时已为古人熟知和掌握。

2. 整枝修剪

桑树树枝生长得过于旺盛，会郁闭度过大，不利于桑树本身及林下生物的生长。为改善通风透光条件、增加桑树的林下透光性、适当控制桑园郁闭度，每年桑农都会对桑树进行合理修剪，去除过密枝、重叠枝、病虫枝和干枯枝，改善林内光照条件，以保证桑树来年树势旺盛。桑树的修剪整形时间为休眠期。

对有特强生长能力的大枝和过度延伸的下垂枝及细弱冗长的多年生枝，一般在生长良好的分枝处进行缩截。对衰老、病、虫造成的枯死枝要一律锯截。对盛果期或衰老期树上萌发的长枝也应进行适当的短截，以培养成为更新枝与结果枝组。此外，当地果农还常用绳子将部分树枝捆起来（图），这样既能保证林下生物得到充足的光照，又不会影响葚果产量，是控制桑树郁闭度的传统做法。

绳子捆树枝（孙雪萍/提供）

3. 古树复壮

古树是指树龄在100年以上的树木，它是宝贵的自然资源和优质的种质基因库。夏津黄河故道古桑树群拥有百年以上古桑树2万余株，古柿树、古杏树、古山楂树、古梨树等其他果类古树1万多株。因此，古树复壮技术是保证古桑树群系统得以长期存在和延续的重要因素。以古桑树为例，夏津果农为古桑树的复壮采取的措施主要有压枝、生根、桥接、施肥断根、树体保护及枝条修剪等。

压枝是夏津果农用时间最长且最为传统的古树复壮技术。它采用通过将接近地表的古桑树枝条埋入地表土中增加营养点的办法，延续古树的生命。此外，果农还将古树复壮与施肥相结合，即通过穴土施肥的办法，将古桑树地表根铲断，促使新根生长；果农还会根据桑树根的分布情况，每年在不同的位置挖坑断根，以保证桑树根的均匀生长。

4. 合理密植

造林密度是提高防护林系统生态保护效益和经济效益的重要因素。同样，在黄河故道古桑树群系统内，在对桑树等果树的栽培上也充分考虑了密度问题。苏留庄镇东闫庙村一老农的栽桑经验正说明了合理密植的重要性。其曾在1.3亩地块上新栽3行、每行24棵果桑，年收入为3000元；次年，因栽种过密移出10棵果桑，但收入并没有减少，反而增至3600元。

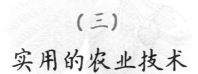

（三）
实用的农业技术

1. 混交间作

果木混交及果粮间作是夏津黄河故道古桑树群系统长期以来形成的

典型的农林复合模式。古桑树群除主栽桑树外，还栽植山楂树、柿树、枣树、核桃等果树，形成果树类混交林，同时间有香椿、臭椿等用材林。这是古人最原始的生态系统意识的体现，并被应用于生产实际。在充分利用空间的前提下，这种间作主要考虑到了各类树种在防治病虫害方面的协同作用，并充分利用生物控制法，使古桑树群鲜有病虫害发生，这是古代果树防治病虫害最原始的办法。此外，作为混交果树林，在桑林中多栽几种果树还可多生产几种果实，丰富产品种类，增加收益。

黄河故道的流动沙丘固定后，当地人在风蚀耕地实行果粮间作，搞立体化农业，有效改善了农田小气候，同时也充分利用了阳光和空间，是控制土壤沙化的有效措施之一。果树与农作物的复合模式，形成了这里风景独特的"农林交错"景观。

林下间作作物应以不与果树争肥、争水、争光、争空间为原则，以保证桑树等果树在旺盛生长期有足够的营养物质。因此，在桑园内的间作植物，不宜选用吸肥、吸水力强和争光、争空间的杂粮作物，如麦类、高粱、玉米等。经长期生产总结经验，夏津黄河故道古桑树群林下间作作物多为夏种秋收的花生、红薯、棉花、绿豆等作物。

在古桑树群内，桑树、梨树、杏树与花生、红薯、棉花、绿豆等农作物间作的现象随处可见。特别是香雪园百年以上的古梨树群下套种花生、红薯等农作物别具特点。成年树林郁闭度较高，林下光照不充足，

林农间作1（闵庄文/提供）

林农间作2（闵庄文/提供）

不利于作物生长；成年树根系较为发达，会与林下作物争水争肥。因此适宜套种的桑树、杏树、桃树等一般高2～3米，林龄3年左右。

故道地区3年杏粮棉草间作试验表明：间作可改善沙地生态环境。间作绿肥和豆科作物能改良土壤，促进杏树生长，间作物留茬或割覆可减少风蚀，间作还可提高土地利用率。果粮间作的农林复合结构兼顾生态建设与民生发展，在治沙植树极少结合农民切身利益的现代社会，具有典型的推广价值和现实意义。

朱知县造林治沙

朱知县，名叫朱国祥，是清代康熙年间"镶黄旗汉军"人（"镶黄旗"址在今内蒙古自治区锡林郭勒盟南部）。康熙十三年（1674年）来夏津任知县。朱知县为人聪敏干练，处事勤恳不辞劳苦。到任"兴利除弊，知无不为"，当时正是清朝建立不久，无业游民很多，朱知县四处巡察，建立新庄，安置流民，并给予他们牲畜、种籽，免除徭役，百姓无不拥戴，勤劳耕种、渐次安居。他还命于空旷无人耕种之地建立新村，让其另自为"甲"（当时的一种基层行政区划名称，如"保、甲、里"等），方法非常得力。他曾去县城东北30里处巡察，见遍野沙丘、草木不生，风起沙丘游移，满目荒凉，便晓谕百姓多种树木，尤其要多种果树，既可以多获地利，也可用以防风固沙。他还亲授一法：凡较平整之沙地，四周种树，中间种庄稼，可获高产。他把这种地（四周栽树的地）命名为"包袱地"，并晓谕百姓说："果树既可固沙，又可摘果而售，一举双得，务应多种！"

自康熙十三年朱国祥任夏津知县开始，朱知县去县城东北的沙丘地带巡察达十余次。当地百姓在朱知县的感召下积极植树造林、防风固沙，每年耕种的土地也就有了收获，并且产量逐年提高。人们衣食丰足，无不感戴朱知县的恩典。后来朱知县调迁宣化、赤城同知（副知州、副知府），百姓成群结队地拦轿挽留。

康熙三十七年（1698年），朱国祥升任东昌知府（当时夏津县隶属东昌府），夏津百姓前去迎接，街上店铺全部关门，为之空市，可见百姓对朱知县的怀念。

关于朱知县晓谕百姓植树造林的事，百姓后来曾勒碑纪念，通碑现存于苏留庄镇刘曹庄村，县图书馆今存有"朱知县植树造林碑"的碑文拓片（整理 李宏升）。

朱国祥纪念馆（王斌/提供）

2. 穴土施肥与土炕坯围树

　　古桑树群集中分布的苏留庄镇的土壤以风沙土为主，耕地贫瘠，土壤有机质和氮磷钾俱缺。与蚕桑相比，种植叶果兼用的果桑更应注重施肥质量，强调氮、磷、钾比例协调，多施有机肥。桑树连年结果能力强，大小年现象不严重，葚果颜色、口味、产果量均与肥水相关。当地百姓多施用绿肥、农家肥，且创造出了穴土施肥、土炕坯围树两种传统的果树施肥方法。

穴土施肥（左）与土炕坯围树（右）（闵庆文/提供）

　　土炕坯受长期熏烧，与熏土相同，物理、化学性质有所改善，速效养分含量较高，具有一定的肥效。炕土中的有机质可分解成铵态氮，燃烧时产生的铵态氮也会被吸附在土粒表面，所以炕土中有机质含量低而速效氮含量高；这种炕土中的一部分有机态磷和矿物态钾也被转化为速效钾、磷，所以其是一种含速效性氮、磷、钾的肥料。

炕土的养分含量

项目	氮（%）	五氧化二磷（%）	氧化钾（%）	速效氮（毫克/千克）	速效磷（毫克/千克）	速效钾（毫克/千克）
平均	0.28	0.33	0.76	953	58	1485
最高	0.58	0.73	1.34	1890	110	2500
最低	0.08	0.09	0.26	50	20	203
样品数	−20	−19	−10	−7	−4	−4

炕土肥应用广泛，除谷类和菜类外，对果树的施用效果也较佳。施用炕土，不仅给桑树增了肥，而且还能保证果树在花期和幼果期不受虫害。

3. 桑果采收

桑果成熟初期在5月上、中旬，成熟末期在6月上旬。如天气晴好、桑果成熟快，采摘必须及时，初熟期可隔日采果，盛熟期要每天采果。因葚果保鲜时间较短，因此葚果采收应多在清晨或者上午，下午少采，采下的桑果应尽可能避免隔夜保存。常温条件下，采摘4～7个小时后葚果内部便会开始发生变化，12个小时后便会腐烂。另外，采收时应注意轻采轻放，避免过激震动；及时销售加工，以防桑果变质腐烂。桑葚根据品种不同，其采摘方式不同。黑色桑葚不易落果，一般为手摘；白色桑葚极易落果，在采收时可采用传统的"抻包晃枝"法，因此当地流传着"打枣晃葚"的说法。"抻包晃枝"法是指用竹木竿敲打桑树使桑果落下，同时用洁净柔软布单来接收桑果，用这种方法既能保护古树、防止桑葚损坏变形，又能保证葚果干净卫生。

抻包晃枝（闵庆文/提供）

4. 葚干的制作

制作葚干，即将桑葚鲜果晒制成干，继而储存食用的方式，在夏津已有上千年的历史。明代时期，徐光启在《农政全书》中说"桑葚，干湿可食用，虽世之珍异果实，未可比此"。葚果制成葚干后，便于储存，美味不减，且营养物质不流失，也是夏津古代战乱年间普通百姓及军队的重要粮食供给来源。

夏津县苏留庄镇现今还保留有较多的传统桑葚干烘制作坊，一村大概10家左右，每家作坊的生产规模约为500千克。葚干制作工艺主要包括果实选择、原料整理和成品处理三个步骤：

首先，在果实选择上，要选择果汁有较强黏着力的成熟桑葚制作葚干。

其次，在原料整理上，要剔除果穗中的枯叶干枝，剪除霉烂或变色的不合格果粒，将选好的桑葚果穗悬挂于通气良好的晾房内晾干。除自然晾干外，还可采用烘干方法制作葚干，经过24小时鲜果即可制成干果，口感比自然晾干的要好。

最后，在成品处理上，要摇动悬挂果穗的挂刺使桑葚干脱落，稍加揉搓，借风车、筛子或自然风力去掉果柄、干叶和瘪粒等杂质，然后按色泽饱满度及酸甜度进行人工分级，继而包装、贮藏、出售。

葚干的经济效益要高于鲜果，经过烘烤2.5千克鲜果变干后减为0.5千克，价格为70元/千克。鲜果直接出售的价格为4～8元/千克，可见干果比鲜果多收益6～10元/千克。但是，葚干加工需额外耗费人力，这是当前葚干加工生产面临的主要问题。

五

源远流长的黄河故道文化

山东夏津黄河故道古桑树群

（一）
农桑文化

　　夏津黄河故道地区的发展历史，就是一部黄河文化的传承史，夏津人民通过村落的集体活动，如祭祀与节庆，依照传统或经验形成共同的思维与行为方式，使得文化得以延续。对农桑文化的代际传承，也将夏津整个社会的历史与文化记忆融入了进去，使这里的家族观念、地方历史和社会价值观念都以集体历史记忆的方式被铭记，社会认同和文化自觉由此形成。在此基础上，家族、村落和传统的以桑树为基础的生活方式得以延续和发展。

　　黄河故道古桑树群是集中国传统农耕文明之大成者，较好地体现了"天人合一"的哲学思想。在夏津当地，人们通晓关于桑树的食用、饮用和药用价值，"桑树全身都是宝"是老百姓的共识。千百年来当地百姓一直就有敬树、爱树、护树的传统，对桑树尤甚，其风俗中存在着古桑树文化元素和个性特征，它们蕴含在夏津的食文化、养生文化、药文化和生态文化等多种文化中。

　　有一楹联对夏津县义和庄香雪园的概述就较有诗情："碧海琼涛听鸟语；白云香雪动诗情。"一些楹联中对黄河故道古桑树群农耕和桑葚园的概括描摹也颇有文学性："缘古津，循古道，追寻远古；亲桑梓，问桑麻，漫话沧桑""娇嫩婀娜，鲜红白紫，形似草莓龙眼，色如玛瑙彩珠，多快哉，故道欣生天圣果；春秋秦汉，唐宋明清，古为民食蚕桑，今作葚茶上酒，诚幸也，黄河长润夏津花。"

　　年代久远的古桑树自祖辈代代传承下来，融会历史，见证着祖辈们治理水患、抗击风沙的人与自然相适应的文化精神，也承载着果农对其深深的依赖情感。古桑树是黄河故道的灵魂，见证着故道地区为适应贫瘠的自然条件而百折不挠的发展历程，是精华的浓缩，具有深刻的历史意义和文化价值。古桑树遒劲的枝干、旺盛的生命力以及旱涝保收的特点，不仅让民众感受到其蕴含的历史厚重感，更增添了当地居民的归属感和荣耀感，成为一种精神寄托。

桑木扁担和桑木水桶（洪传春/提供）

农桑文化与夏津的鼓文化、黄河文化、民俗文化等共同构成了历代传承的文化系统，是黄河流域农桑文化的代表和中国农桑文明发展历史的见证。农桑文化已渗透到夏津百姓衣食住行的每一个角落，在当地居民看来，桑树不仅是一棵树，更是一种精神寄托。"治沙县令"朱国祥纪念馆内，至今还保存着当年农家使用的桑叶碗、桑木车、桑木扁担、桑木水桶、桑木耧等生产用具。当地老人回忆，他们当年就是用桑木扁担挑着桑木水桶提水，灌溉桑木，植树造林。

（二）
民间艺术

夏津县传统的文艺活动主要有架鼓、高跷、狮子舞、龙灯、旱船、小戏曲（又称"小调子"）等，其中以架鼓、高跷最为普遍。武术项目有太极、八卦、少林、伍子等派别，其中以杜缄三的太极拳最具本地特色，其所创的"太极十三式""五星锤"等武术套路，现已被重新整理传世。另外，夏津的书法、绘画、篆刻、雕刻、泥塑、扎彩等都达到了较高的艺术层次，具有浓厚的乡土气息。夏津素有悬挂字画美化居室的习俗，因而书画艺术普及面广，业余从事书画艺术创作的人员较多。夏津书画作品已成为人们出访出行、联络外地的桥梁与纽带。夏津县书法家协会和美术家协会经常举办展览和组织笔会，书画艺术活动十分活跃。

1. 架鼓

敲架鼓为夏津民间的娱乐活动形式之一，它以磅礴的气势，欢快多变的节奏，舒展、粗犷的舞姿，一直为人们喜闻乐见，历百年而不衰。架鼓在县内的流传约有600年历史。起初，每逢久旱不雨或遭受其他自然灾害时，人们便击鼓求神，后来这逐渐发展成为一项娱乐活动。人们又在原基础上配上锣铙等打击乐器，形成现在的打击乐组。相传，其乐谱是依据八卦来编制的，故称"八卦编"。架鼓活动多在春节、中秋节和元宵节期间举办，一村或数村自由结合，少则十几面鼓，多则近百面鼓。单队表演虽也饶有兴致，但两队或数队"对鼓"更为壮观。

架鼓舞（于晓辉/提供）

2. 高跷

近百年来，夏津县的高跷活动开展得较为普遍，犹以建国初期为兴盛时期。高跷尺寸（高度）不等，普通者1米左右，舞者均为青年男子，表演形式有集体对舞的大场和两三人表演的小场。舞者扮成各种人物（扮装与戏剧装相似），手持道具，双足登木跷，按打击乐（锣、鼓等）节奏而舞，亦可演唱传统戏剧。城南乔官屯的高跷以高而闻名四乡（高度为2米左右），被称为"高高跷"，有"坐在屋檐上绑高跷"之说。该处演员的表演技艺也高人一筹，部分演员能做"劈叉""打别腿"等高难动作，有一演员竟能用单腿边舞边行达800米。"高高跷"现已失传。现在，有许多乡镇的高跷活动开展得较为普遍，每年元宵前后，高跷队会汇聚县城进行表演。

高跷（于晓辉/提供）

3. 马堤吹腔

马堤吹腔戏起源于清初的"柳子戏"，自清道光年间传入，以口传心授的方式传承至今，已有170多年历史，被称为研究最初柳子戏的"活化石"。所出演的戏曲都是村民们自己组织、自己排练、自己演出的，其间浓郁的乡情乡韵，使得夏津县当地的民间艺术团体焕发出巨大的活力，也激发了城乡居民的文化激情。吹腔戏的表演特点是粗犷豪放，人物动作设计大胆夸张，生活气息浓厚，化妆多用油彩，有固定脸谱，各行当扮相明显。角色行当分生、旦、净、末、丑五大门类，其中生行包括红脸、秀生、武生、娃娃生等。生行中的红脸唱腔高亢浑厚，动作威武刚健。表演以唱为主，重在造型。

马堤吹腔（于晓辉/提供）

4. 夏津小调

夏津小调，又名琴曲，起源于夏津与临清交界的师堤村（现属白马湖镇）一带，为师堤村人孙老平始创，后在流传中得以发展完善。至今约有100多年的历史。小调曲种多达60余种，流传较广的有《平调》《凤阳歌》《大金丝》《小金丝》等。夏津小调主要流传在城西一带，由爱好者自发组织演出，形成一些较为稳定的业余演唱团体。爱好者较活跃的有朱官屯、赵沟、祁庄、珠泉屯、乔官屯、崔楼等村。在长期的演出过程中，涌现出了一些艺术技艺较高的演员，如朱官屯的宋性木、宋林征（操琴），祁庄村的王希增等，其中以宋性木影响较大。

5. 雕塑

夏津的民间工艺主要有神像雕塑、家具雕镂及玩具制作等。家具雕镂的形式是对桌椅等器具花边图案的雕镂为主，内容多为"吉祥""如意""福寿"等，配以"蚂蚱牙""卷草""花鸟""山水"等图案。玩具制作以泥塑木雕人物、走兽为主。

6. 剪纸

夏津剪纸构图简捷、剪法粗犷，是一种颇受群众喜爱的民间传统装饰品。其大都因事而剪，因人而置：过春节剪"连年有余""吉祥如意"；婚事剪"鸳鸯""蝙蝠""抱角""月亮"；老人生日剪"长寿桃""松鹤延年"等。民间擅长剪纸者多为家庭妇女。剪纸创作是在民间剪纸的基础上发展起来的，形式由表现吉祥喜庆发展到展现生活，内容由花、鸟、虫、鱼发展到人物、山水景色、民间故事、戏文人物等，构图也更为复杂，方法由剪裁发展为刀刻（故剪纸又称之为刻纸）。剪纸创作成就最大者应首推贺艺民、宋仙月、范俊厚、郑金琪等人。其中贺艺民成就最大、影响最广，在长期的艺术实践中形成了独特的艺术风格。其作品曾多次出国展出，剪纸作品《和平与友谊》为宋庆龄故居收存。

夏津剪纸（洪传春/提供）

7. 书法绘画

夏津的书画艺术素以普及广、从事人员多而著称。人们用书画装点居室,款式夙以"中堂""条屏""条山"为主,多为纸本图轴。绘画的品种有写意、工笔,书法则兼真、草、隶、篆。清末民初,夏津书法较著名的人有李士奎、李毓英、刘晓山;绘画有张筑岩、任南宫、郑化成、李荣清等。新中国成立后,尤其是改革开放以来,书画普及愈广,从事业余书画者愈多。近年,从事书画的人员出版书选、画选者渐多。2004年冬县书协、美协共同出版了《夏津县书画作品选》,收入夏津籍书画界人士作品近200幅,充分展示了夏津县的书画艺术水平和书画队伍的规模。

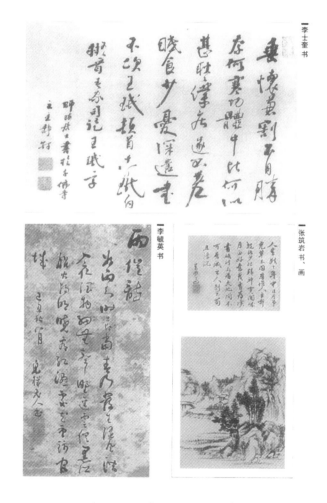

书法绘画(于晓辉/提供)

（三）
民间故事

　　森林莽莽，历史悠悠。在人们的生产、生活中形成并流传着许多有关黄河故道的美丽传说，如青帝巡察植林木、爱情树、老皮子的故事等。这些传说和故事，是历代人们智慧的结晶，也是历史沉积的佐证和载体。

青帝巡察植林木

　　据传，在明朝以前，黄河故道的沙丘地带，完全是荒秃的沙岗，即使有几丛灌木，也疏疏落落、萎枯干黄。连绵的沙丘随风游移，细沙似水，到处是粼粼沙波。风起处，天昏地暗，蔽日遮天。一日，青帝（东方大帝）奉玉帝之命来民间巡察路过此地，见当地人烟稀少、满目荒凉，遂化作一老者，布衣麻鞋，手扶竹杖，孱然蹒跚，吃力地走着。好不容易来到一村落，见村中寂无人影，唯有两位老人瑟缩于矮墙下，蓬头垢面、骨瘦嶙峋，青帝上前询问，老人气息奄奄，半晌伸出一个手指，摇了摇头。青帝暗忖其意，是十室九空，最后将一室也不存了。青帝心下凄然，便驾起祥云，回灵霄宝殿向玉帝复命去了。

　　玉帝便命太白金星宣来雷公雨师，偕青帝赴黄河故道的沙丘地带，治荒封沙。雨师见其地干旱、草木不生，于是，升到空中，将宝盏之神水频频挥洒。一时间，雷声骤作、大雨滂沱，沙丘间已有潺潺小溪。青帝、雨师相议道："自此水量充沛，即可草木郁茂了。"便欣欣然回天宫去了。

　　谁知，仅过月余，其地又是风沙弥漫、满天昏黄。玉帝便饬青帝、雨师再行妥商，筹一万全之策，以求长远。青帝对雨师说：

"若广植树木，实为一长远之计。不过，雨量充盈，还赖足下多多施与。"雨师说道："只要将沙丘封固，雨水之事尽可吩咐。"青帝当即回府，命当差者去山中搜取树之细枝，截做一箸长短，百根一束，多多益善。

翌日，青帝偕同雨师，腾祥云来至黄河故道沙丘上空。雨师作法，霎时彤云密布、大雨如注。青帝便将树枝随手抛起，树枝随雨纷纷而落，着地生根，满地郁然。自此，黄河故道的沙丘上，树木蓁茂，芳草如茵，农人乐业，逃户回归。禾稼适时，丰稔有年，一派富庶景象（整理 李宏升）。

沧桑千年"爱情树"

卧龙桑（于晓辉/提供）

在夏津县黄河故道森林公园的颐寿古葚园内，有三株树围巨大、树龄均在千年以上的古桑树。三棵树比邻而居，形象各异。最南边一棵树干挺拔，郁郁葱葱；中间一棵虽然枝叶茂密，但树干中间因经历雷击早已劈作两半；最北面一棵最为奇异，整个树干卧在地上，身上已成焦炭状，但仍然是果实累累。这三棵古桑，最南面这棵被称为"巨龙桑"，中间这棵被称为"腾龙桑"，最北面这棵被称为"卧龙桑"。关于他们的来历，在当地还流传着一个感人的爱情故事。

公元前602年，黄河在淇河、卫河合流处决口，在夏津行水 613年，于公元11年改道。当时，大河内有个老龙王，他有三个儿子，大太子叫翀灵，二太子叫靖康，三太子叫佑卫。三个龙太子经常化做人形，到附近的村庄里游玩、饮酒，每每喝得酩酊大醉、沉睡数日，以致大河改道时，三个龙太子因为沉醉，没有随老龙王迁徙。

洞中方一日，世上已百年。不知不觉他们弟兄三个在人世间已经生活了几百年。这片土地也由于沙河经过，形成了独特的自然资源，满目翠绿、遍地花香。在这期间，三个龙太子分别恋上了丛林中的梨花仙子、桃花仙子和杏花仙子。他们朝夕相伴，如胶似漆，情意绵绵。闲暇时他们采来葚果，贮存在瓦罐内，经过发酵后成为香甜可口的美酒。三对恋人每天喝过酒后就在沙滩上翩翩起舞、吟诗作赋、赓歌相酬。

老龙王几次下旨召他们回去，他们因为留恋这片土地和自己的心上人，迟迟不愿离去。无奈何，老龙王只好亲自来催促他们，三个龙太子正醉卧在这金丝毯一样柔软的沙滩上，对老龙王的严厉呵斥置若罔闻。老龙王大怒，运用法力，迸出三道雷电，老大翀灵最先看到闪电，就地一滚，没有被击中；老二靖康听到雷声，急忙起身，正被雷电击中头顶；老三佑卫实在醉得不省人事了，没有来得及动身就被雷电击中了身体。后来这三个太子就化成了三棵桑树，永远在这里守护着自己的恋人，而三个花仙子也常常围绕在他们身边，为他们送上浓郁的芬芳和酒香。直到现在，那位仍然醉意朦胧的三太子，依然伏在地上，还在举着酒杯对你说：醉卧沙山君莫笑，留恋美景不愿归。据当地人讲，夜深人静的时候，附近的人还能够依稀看到他们在月光下的舞姿，还能听到他们的窃窃私语。年轻人也把三株巨树尊称为"爱情树"，多来此地谈情说爱、相会恋人，祈求爱情和美、婚姻幸福。

老皮子的故事

夏津县素有"小杂果之乡"美誉，尤其是该县苏留庄镇境内多质地松软的沙土地，又有黄河故道遗留下来的丰富腐殖质，因此特别适宜果木生长。连绵起伏的沙丘，有时会随风游移，当地百姓为防风固沙自然形成了植树护林的习俗，而这里除了人工繁育的果园和菜地，还有一些天然形成的原始林，周围灌木丛生，因此人迹罕至。说是原始森林，也不是说绝对无人涉足，只是早在黄河故道林公园未规划之前，由于路径不通，周围常有野兽野鸟出没，因此除了猎人和护林员以外，一般人没有胆量进入。但凡人们没有到的地方，往往会有很多传说，而这些被广为传扬的故事多半是群体创作，传来传去就有鼻子有眼、像真事了。"老皮子"的故事即是其中的代表作。

林子周围有句顺口溜说"百年的兔子千年的龟，成精的黄鼬没人追"，讲的是这一带特有的一种类似黄鼬的野兽，俗称"老皮子"。这东西有一个绝招，就是善于模仿人说话，不管男女老幼它模仿起来都是惟妙惟肖，可以以假乱真。在没通电之前，林子周围是怕光的老皮子的天下，它们常于日落后择一树下，模仿老头的样子盘腿而坐，有时还把偷来的烟袋叼在嘴里装模作样地吸上两口，呛得吱吱乱叫。

有一回，某村的神婆晚上出来给一个"夜哭郎"烧纸许愿，回去的路上被一个好奇的老皮子跟踪了。神婆收礼后正准备回家，不料刚走几步，那家又传来哭声，神婆无奈返回，却见孩子安睡无恙。如此反复几次，神婆猛然想到一定是老皮子在作怪，于是冲着一棵老树大声许愿："皮子大仙听了，赶明儿给你摆供哩！"果然再走就没动静了。不过许愿后千万要记得兑现，一般在老树后放上一只鸡或兔子之类的就可，实在没有放上一壶酒、一包烟叶也行，不然麻烦就大了。有一对夫妻晚上骂架被老皮子听见了，他俩在屋里骂，老皮子就在房顶上学，吓得娘们赶紧烧香许愿，可是第二天她赌气回娘家把这事给忘了，男人偏偏不信邪也不给补上。结果过了没几天，老皮子半夜又来了，它模仿两口子的声音对骂，一直骂到天放亮。如此半月下去，把周围的邻居吵得实在睡不着觉，于是大家商量赶紧给村头的几棵老树后放上了鸡肠子、兔子头、灰老鼠等，全是老皮子爱吃的美味，这才哄得它没事了。

直到今天，在林子周围的村庄还经常会听到有家长吓唬哭闹的孩子："快闭住嘴，要不老皮子来了！"刚才还无法无天的孩子果然就生生收住，再也不敢出声了。由此可见，老皮子的传说是非常深入人心的。（王海洋 整理）

（四）

民风民俗

　　风俗的形成，往往与所在地的地理环境有很大关系，早年的黄河故道两岸风沙漫漫、水患无尽，特殊的环境造就了很多鲜为人知、耐人寻味的风俗，即便在一个县境内，也有许多不同甚至截然相反的俗规。随着社会的发展，这些俗规有的已经消失，有的逐步改进，有的还在延续……夏津人自古受孔孟学说的教化，在婚育、丧葬、礼节等各方面都有儒家风概。但受各时期的社会风尚和年景的丰歉以及政治、经济形势的影响，又有薄厚异同之处。

1. 前不栽桑，后不栽柳

　　桑树和柳树都是适宜黄河故道的树种。桑苗抗风沙，桑杆可做杈子（麦场上的工具），桑叶可养蚕，桑葚又是药材，它是故道人经济收入的主要来源；柳树的适应性极强，旱涝都不影响生长，"火烧叶亦绿，水淹根更稠"（徐聚山《淮北柳》）。但故道人有个讲究，那就是：屋前房后的宅基地上，不栽这两种树。不栽桑，怕的是出门见"桑"（丧），不吉利。柳树呢？主湿、主阴，又多是坟前之物，孝子挂的引魂幡、就是柳棍做的。所以"（屋）前不栽桑，（屋）后不栽柳"。正所谓："桑柳虽都好，不能随便栽，一个语音忌，一个位置灾。"

2. 沙土当尿布

　　黄河故道上的沙土是泡沙，具有吸水除湿的作用，故道上的人常用它充当尿布，直接铺在婴儿的屁股下面，冬天的时候需稍稍加温，夏天可以直接使用。用沙土包婴儿，还有一种说法，认为故道上的土是集上游青海、甘肃、山西、陕西、内蒙古五省或自治区土壤的五色土，有黄土高原的灵气，让婴儿接触它，可保平安。正所谓："故道沙土用处多，婴儿可以当被窝，屙屎尿尿随时换，既节省来又利索。"

3. 谱牒编修

夏津人旧有编修家谱的习俗，多数姓氏族都有自己的家谱。新中国成立后至1985年，由于人们把续修家谱视为旧风俗，因而修编者甚少。到20世纪90年代初，随着县志的编纂和地名普查的进行，尤其是人们对传统文化的日益重视与发掘利用，编修家谱者又逐年增多。

续修家谱的期限，在传统习惯上一般是20至25年续修一次，大多是在过春节时兴修。这是因春节期间，族人相聚，便于商讨，有在前倡修者，本族人们便会欣然响应。修谱之初，首先要组建修谱委员会，或可叫小组。由族中有德望、地位或辈分高且年长的人充当主任、组长、监修，其他设走访、编辑、誊录等职事，分曹司事，各自负责。在经费来源上，旧时修谱大多从族中的林地、墓地的收获中支付。近些年新续修谱书时，经费或按族中人、户平均摊派，或不拘款数而自愿捐献，或由族中殷实之家出资，或由富裕者独家承当，不一而足。

新谱体例大体与旧谱相去无几，但有的也有不少改进。诸如女人以本姓名入谱，不再单称"某氏"；闺女入谱，不再仅录男子，并在"凡例"中明白标出"以示男女平等"；凡有文凭、职位、德望、成就者均于其名下作简述；凡招赘者可以其本姓名入谱，不再改姓氏等新风尚，均为族谱的新式体例。新谱的卷首除将历次修谱的"序言"照录、附载外，新序言也不可少。一般或由一人作序，或数人共序，或数篇序言并列，用以记录本姓氏族的渊源，族人的迁徙、定居等情况，以及修谱的经过和重要事项等。序言多是由本族中有文化、德望、地位或辈分高且年长的人执笔或署名。旧谱序言多用文言文撰写，而新谱序言多用白话，但也不乏文言文。序言后载列"凡例""世次铭字（即辈分用字）""族训"等内容。

夏津县所续的谱书大多都增有"世次铭字"，内容亦如旧谱，多取吉祥、便于书写而且读之上口的字。如"吉清希学宏，兆树金庆兴，富贵荣庭远，常在文延中""万善同归，大学至道""卫国振兴华，荣廷延庆祥""世廷庆如云，为光克

谱牒编修（李正阔/提供）

敬守，志奇怀大学，九慎相继永"等，举不胜举。族训是旧谱体例，但新谱也有不少附设"族训"者，内容多为勤俭忠厚、努力向上、敦宗睦族、遵守法度等。家谱正文为"世系"，新谱与旧谱修续方式大致相同，或以"纲目（亦有称之为'根系''葡萄'者）"状，以引线连系世次而次第排列；或按世次、行辈依次排列接续。新谱还有于书楣处开列各人的上承页码，用以溯追其父、祖，而直至始祖的续法，极便检索，是一大创新。除以上内容，新续谱书还增添人物简介和人物传略，若史志体例。凡本族人有地位、声望或对本族有贡献者均可列简介入谱，过世者可载录传略，是为新谱书又一创新。因摄影工具的发展，不少新谱载录彩色照片，如修谱人员合影、家族聚落变化、较出名的人物等，丰富了谱书内容，增强了直观性，是为新谱体例又一大改进。旧谱多是手抄、线装，迄于民国始有活字铅印。进入21世纪以来，由于印刷技术的发展，新续谱书的印刷、装帧也随之大为改观，大多是彩印、精装，有的还带有护封，而且还以楷、隶、行、黑体、宋体等字体来区分各种内容，此亦为新谱书的一大改进。新谱印刷数量大多是据本族人多少而定，大都是本族人凡结婚建立家庭者均可藏存1册，每当春节可于椟中取出，放之桌上供族人、亲朋翻阅。

近年来，夏津县的较大姓氏族编修族谱，设立修谱委员会（小组）后，有经数年编写成书的，其体例之细、内容之精当，概可想见。2000年以来，夏津县各姓氏族编出不少体例完备、编排得当而且印制精美的新谱书。例如城西露观寺《徐氏族谱》、城南南王庄《王氏族谱》、乔官庄《李氏族谱》、城东北张集《张氏族谱》、城内中山北街《李氏族谱》、南屯子《王氏族谱》、城东左庄《左氏族谱》、城北东季庄《倪氏族谱》、城西中鸭村《鞠氏族谱》等。其中城内中山北街《李氏族谱》、城东左庄《左氏族谱》、城北东季庄《倪氏族谱》等已被山东省图书馆收藏，并颁发收藏证书。至2010年，全县各姓氏族的谱书业已大多续修，未续修新谱书的姓氏族已为数不多了。

谱牒

谱牒，《辞海》解释为"古代记述氏族世系的书籍"。它俗称家谱、家乘、族谱，又称统谱、世谱、宗谱、房谱、支谱等，叫法不同，但本质内容却是一致的。它是中华先民血缘相亲、守望相助的实录；是以文字形式出现的按辈分排列的血缘宗族内的人际关系网；是记载以父系为主体的家族的族源、繁衍生息的图集；是家史和宗族文化的重要载体。谱牒是伴随着家族制度而兴起的记录家族血缘关系的文献。谱牒记录的家族历史是民族文化的重要组成部分，它是以特殊形式记载了姓氏起源、家族形成、民族融合及氏族的繁衍生存、迁徙分布、发展兴衰等的重要史籍，蕴藏着丰富的历史文化遗产。谱牒的编修与利用，对研究民族、地域的人文发展及其构成，有着不可替代的史料价值。

家谱与正史、方志构成中华历史大厦三大支柱，是中华民族悠久历史的重要组成部分，是极为珍贵的历史文化遗产。谱牒研究的内容包括姓氏源流、家族迁徙、世系图录、人物事迹及风土人情等。因其具有数量多、历时久、在民间流传广的特点，对于研究家族、部族、民族乃至各个历史时期、各个地域的历史，具有其他文献无法取代的价值。著名史学家顾颉刚说："而今我国史学领域尚待开发的两大'金矿'为地方志和族谱。"可见谱牒研究具有重要意义。

(五)
诗词歌赋

1. 赋

夏津黄河故道古桑树群的其悠久的历史，顽强的精神，奇异的景观吸引了历代众多文人的关注。这里辑录一些现代作者的作品。

（1）夏津黄河故道古桑树群赋　千秋事古，万里河长，流荫圣祖，母孕炎黄。夏津冲要，因泛汪洋，或成隰水，有换丰床。初恨洪流戕害，终喜富壤肥乡。

冥灵古地，民慧田丰，兼荫齐鲁，旁裨赵雄。黎庶善农耕之术，乡村惯机抒之工。千里遍井田之好，万家尽编织之聪。齐纨东邻，怎不缘由蚕助；鲁缟南接，岂非因受丝功。丝抽茧缚，虫自桑丛；地肥树赖，叶富蚕凭。相承万古，复肇乾隆，河桑开业，八万青葱。多少严霜焚电，无穷剥鸟穿虫，四百浮云过眼，六千虬骨凌风。

十里庄乡，万千桑树，阡陌井连，村庄点布。田家隔作桃源，垄亩分成蕙圃。车从树下穿流，人在荫中漫步。千顷冠郁，横斜蔽日遮天；百丈林高，直上干云扰雾。明断彤阳，阴迟爽雨，延滞晴晨，提前昏暮。阴阳幻色不穷，冷暖风光无数。

初以虫餐作茧，今为饮食宜生，四体千般功效，一株八面芳名。甘泉秀叶，香代茶烹，柔芽充腹，志爽神清。白果当餐，可祛膝理之疾；紫珠酿酒，还养鹤岁之精。做官有法，导引先声，为民以智，借势厉行。保树成风柢固，经纶循法分明，作景旅游开道，工商易贸垂成。地因桑秀，桑助民赢，人杰物茂，共此昌荣。诗曰：

鲁韵齐风赵势雄，河荫古地木葱茏。

扶疏依旧千年好，更祝凭凌万世通。

摘自《重要农业文化遗产赋》（闫金亮撰）

（2）山东夏津古桑树群赋 黄河故道，齐鲁夏津。地经百代，史重千钧。禹治九河，留大沙之圣迹；盟迎诸国，得名胜之成因。水秀山青，北结德州之古郡；人勤土沃，南连聊邑之芳邻。物产丰饶，东望济南之首府；民风朴厚，西接冀省之涯滨。

敬畏天时，谢春秋之赐福；感恩地利，喜风物之宜人。款款乡情，种银海棉花之软玉；殷殷祖德，馈绿云桑树之遗珍。

观夫八万亩桑树之林也，接云映日，沐雨迎风。蓬蓬勃勃，郁郁葱葱。植深根以不朽，守故土而怀忠。千载一挥而弹指，四方万众以歌功。耸翠流霞，风采与重峦竞色；凝岚含露，精魂同草木争雄。

望林海而沉思，忆神农而回首。甘棠日月，知史乘之昭彰；膏壤春秋，叹桑园之悠久。秦皇汉武，能重道而传耕；明祚清廷，乃承前而启后。源远流长，神州九域清芬；天高地厚，寰宇一枝独秀。龙帆竞渡，开丝路之先河。凤翼高飞，交五洲之挚友。

寒来暑往，物换星移。今非昔比，览盛书奇。当知恩而知福，应不弃而不离。人爱乡而爱水，家宜业而宜居。高瞻远瞩，阔步擎旗。重挥巨笔，再绘春熙。赞曰：

齐鲁名乡，世代栽桑。生生不息，万古流芳。祖辈留之，衣食求之。泽被后嗣，风雨由之。

摘自《重要农业文化遗产赋》（徐双山撰）

（3）夏津黄河故道古桑树群赋　寿比老松，嘉木千年盛果；齐带山海，膏壤万里宜桑。黄河故道丛育，生态相得益彰。植旱荒而勃作，遏风沙以固防。抵御瘠薄，耐战盐碱，承受低温，高温担扛。叹规模之殊大，更历史以弥长。抗氧化物之富，罕于药性之良。苗苗兮而百态，落落兮以大方。叶翠而宽，聚花果以圆筒；汁多肉厚，味微酸而甜香。披针形之托叶，红紫果色成双。变桑田之沧海，蕴神秘而名扬。乃于植跨元明清代，繁八万亩极昌。枝杈相连，援攀数十里远；叶用易果，多食身健寿康。根发系达，实盈冠张。打枣晃椹，古韵新光。天然无害，蓄郁盈芳。至于时境兴衰迁变，未抑潜力暗藏。虽盛而衰，植培中心南下；却无弃放，夏津人民新纲。丛植密种，干晒入箱。忆昔靠天吃饭年代，百姓重要食粮。齐鲁大地见证，河滩堤岸能详。更乃盛世新声，开发前景广阔；熙熙天下，巨大商机助襄。发展协调，精研创新优育；系统结构，持续高效全方。老枝千龄，人与自然谐共；硕果累累，珍稀遗产同尝。

噫！夺百枝以紫芬，掩诸味以贵飨。冠树类而超绝，出异名以众望。故远近名闻，大桑上榜。非独瑞株，爱兼药享。地道之材，基地优养。乃于创新联动，文化产业共赢；承载光延，葚果之乡欣唱。博物馆名册封，国际生态范仰。永含灵兮大苍，长不绝兮涛浪。

摘自《重要农业文化遗产赋》（鲁亚光撰）

（4）黄河故道古桑赋　枝繁叶茂，果甜茶馨。六千亩参参古桑，翠蔓黄河故道；二十里绵绵青锦，毓秀鲁西夏津。颐寿之厢，九州享誉；生态之范，八纮获钦。似瑰宝铮铮夺目，犹琼蕊艳艳凝神。

沧桑变迁，河道更易。遗滩空旷荒芜，扬尘浮荡嚣浊；知县高明作为，晓谕广植果树。加之乾坤造化，风雨善施；黎众慧聪，勤恳劳勖。于是年年不息拓殖，代代精心培育。犁伐晒土，畜肥穴施；炕坯护围，塑膜防疫。驯服任性之淤沙，大美会盟之方域。耸桑群以芾芾，雾色氤氲；织林海而茫茫，韶光旖旎。携金梨银杏，春花笑逐春潮；伴红枣山楂，紫果绚焕紫气。碧空绿野，嵌两万岿岿宝株；岗丘平原，镶百岁鲜鲜雕玉。夏闻燕语莺声，秋尝蜜饯清醑。中国落叶果木博物馆兮，生机益然，丰采雄丽。

华夏之灿灿文明，启迪四海；祖宗之斑斑遗产，炳耀千秋。诚黄河与农桑之文化，乃生存与环境之先筹。远有神农播谷制陶，大禹治水除害；近现裕禄栽桐治碱，善洲爱民作麻。掞先贤之渊懿，汇美政之宏猷。实鼎开创之动力，洵谋发展之枢轴。吾侪敬仰朱公，为官不辱使命；感恩前辈，挥汗力事耕耰。愿梓里故道永驻蓊郁，古木桑群久蔽金瓯尔。

注：【劳勩（yì）】劳苦。【醑（xù）】美酒。【裕禄】焦裕禄。【善洲】杨善洲。【耕耰（yōu）】原指古代农具，此指农事。

摘自《重要农业文化遗产赋》（石殿臣撰）

2. 五律、七律和七绝

（1）五律·夏津黄河故道古桑树群

桑群愈百年，盛世换新天。

叶果双增益，风沙皆止前。

烹茶生健体，酿酒葆童颜。

颐寿添奇效，怡神不羡仙。

摘自《重要农业文化遗产赋》（宗宝光撰）

（2）七律·黄河故道古桑树群掠影

悬河故道夏津长，玉鸟群飞古韵苍。

绿植桑田穿岁月，紫呈葚果胜岐黄。

申遗雨润杏林坞，化蝶情迷天禄坊。

最是攀行寻径处，问谁擂鼓赋流觞？

摘自《重要农业文化遗产赋》（范裕基撰）

（3）七律·夏津黄河故道古桑树群

古老黄河故道弯，当年齐晋会盟间。

百年沧海三千里，万亩桑田一片山。

总是缫丝多接续，原来世事几循环。

只缘鄃邑得天果，东汉君臣尽喜颜。

注：【夏津】因"齐晋会盟之要津"而得名。【接续】缫丝的技术工艺之一。

摘自《重要农业文化遗产赋》（陈俊明撰）

（4）七律·夏津黄河故道古桑林

沧海桑田故道边，荣枯香火数千年。

红云舒卷堆群绣，紫气扶摇上九天。

侍奉黄河功与过，随行黎庶苦兼寒。

不知自己为何物，遏化风沙盛世间。

注：桑树每年农历3～4月开花，5～6月果熟可采摘。

摘自《重要农业文化遗产赋》（李崇元撰）

（5）七律·山东夏津黄河故道古桑树群

虬枝连杈百年长，腾碧无边间果香。

故道黄河经晚照，繁枝绿树沐朝阳。

桑茶誉远传中外，葚酒神奇益寿康。

最是迷人佳景处，紫实似玉灿东方。

摘自《重要农业文化遗产赋》（张锡国撰）

（6）七律·夏津黄河故道古桑树群

柔青重绿岁流金，变海通泉未老心。

万亩连畦欣结椹，千年夹道漫凝阴。

根生乡土情难浅，果载星光梦更沉。

颐寿园中堪纵目，满筐春色助清吟。

摘自《重要农业文化遗产赋》（王卓平撰）

（7）七律·夏津黄河故道古桑树群

廿里攀援无尽头，相连枝杈树阴幽。

三朝繁衍今犹盛，几度摧残根尚留。

紫酒香飘尤爽口，桑茶细品甚醒眸。

黄河故道千番变，欣喜遗踪更可讴。

注：【三朝】此指元、明、清三代。

摘自《重要农业文化遗产赋》（陈瑞林撰）

（8）七律·夏津黄河故道古桑树群

黄河故道古桑群，两万多株蔽日云。

遐迩闻名博物馆，古今遗产寿园村。

食其葚果能强体，步此林群可益神。

冷雨已停风已息，春光万里物华新。

摘自《重要农业文化遗产赋》（李玉恒撰）

（9）七绝·咏夏津桑葚

其一

邀来春色葚花开，绿海波中任浪裁。

碧玉熏香容变紫，窥鸠食罢醉芳怀。

其二

春风化雨润琼枝，碧玉丛生鸠探痴。

不晓殷红何以染，叶成绸缎葚成诗。

注：《诗经·卫风·氓》："于嗟鸠兮，无食桑葚！"于，同"吁"。传说斑鸠吃桑葚过多会醉。

摘自《重要农业文化遗产赋》（李崇元 撰）

（10）七绝·夏津黄河故道古桑树群

八万亩桑林漠漠，六千劫后尚余棵。

今朝桑葚成仙果，颐寿园中忆翠娥。

摘自《重要农业文化遗产赋》（王泉浚 撰）

（11）七绝·夏津黄河故道古桑树群

黄河故道又逢春，碧树成群近水滨。

亿万桑蚕争叶食，一堆白茧一堆银。

摘自《重要农业文化遗产赋》（张春桂 撰）

3. 词、曲和对联

（1）浣溪沙·夏津黄河故道古桑树群

说罢新棉说古桑，黄河故道沐骄阳。青云翠盖散芬芳。叶展柔条蚕食足，筐承紫葚客尝忙。夏津端的好风光。

注：夏津又有"棉都"之称。

摘自《重要农业文化遗产赋》（朱培学 撰）

（2）采桑子·夏津黄河故道古桑树群

黄河故道桑群好，葚果之乡。源远流长，颐寿园名美誉扬。遮云蔽日风沙阻，水土留藏。古木沧桑，华夏文明愈显彰。

摘自《重要农业文化遗产赋》（陈瑞林 撰）

（3）西江月·看夏津黄河故道古桑树群

土炕坯围植树，枝繁叶蔽苍天。齐民犁伐治桑田，汗洒黄河之畔。寒暑几番月照，夏临葚果初甜。抻包晃采乐悠然，十里风光无限。

摘自《重要农业文化遗产赋》（吴晓华撰）

（4）西江月·夏津黄河故道古桑树群

家住黄河故道，春蚕结伴流年。历经磨难志尤坚，笑傲风沙盐碱。剥茧缲丝纺线，蚕经布帛鱼盐。丝绸路上盛名传，鼓调真情上演。

注：【蚕经句】《史记·货殖列传》："齐带山海，膏壤千里宜桑麻，人民多文彩布帛鱼盐。"【丝绸句】养蚕技术和中国丝绸都是通过海上和陆上"丝绸之路"向世界传播的。【鼓调】古桑传统，夏津架鼓舞、小调、谚语、俗语等都与桑树有着深深的渊源。

摘自《重要农业文化遗产赋》（曹继楠撰）

（5）临江仙·夏津黄河故道古桑树群

根脉深连大地，虬枝直刺穿苍。黄河膏壤育龙桑。周秦千古月，故道唱斜阳。经历风霜雨雪，自然硕果飘香。拟将紫葚入诗囊。吟鞭挥万里，奔向小康庄。

摘自《重要农业文化遗产赋》（袁桂荣撰）

（6）行香子·题夏津黄河故道古桑树群

经历炎凉，见证沧桑。醉游人、一碧无疆。青葱欲滴，玛瑙如妆。更叶宜蚕，根宜药，葚宜乡。尘沙几度，风雨寻常。看今朝、再铸辉煌。心潮正涌，椽笔方扬。写古文化，新文采，大文章。

摘自《重要农业文化遗产赋》（冯衍斌撰）

（7）风入松·咏夏津黄河故道古桑树

夏津古道碧丛绵，嘉木莺旋。盈阡汲水层层翠，看扶桑、惠溢河山。粉黛婉容悦目，芳香游客垂涎。采歌飘逸喜开颜，紫玉珠连。封王救驾流传久，世昭然、静默年年。不肯流离故里，澹怀守望家园。

摘自《重要农业文化遗产赋》（王淑梅撰）

（8）水调歌头·夏津黄河故道古桑树群

浩浩黄河水，曾在此奔流。昔年天地翻覆，故道变平畴。举目膏腴百里，代代夏津民众，勤恳种春秋。桑树六千亩，生态景观优。蜂忙碌，蝶起舞，鸟啁啾。香风阵阵，累累果实挂枝头。这是琳琅宝库，这是恢宏画卷，美誉满神州。奋力追新梦，更上一层楼。

摘自《重要农业文化遗产赋》（唐桂生撰）

（9）念奴娇·山东夏津黄河故道古桑树群

黄河故道，历狂涛肆虐，曾为荒漠。垦植桑群千万亩，拓出新天寥廓。古木苍苍，晴空湛湛，碧叶层层沃。风防沙固，抗寒虬枝高卓。遥望串串珍珠，黑青红白，葚果光华烨! 益寿延年多采撷，不复饲蚕摘叶。紫酒轻斟，清茶细品，制纸桑皮页。供君书写，地灵林秀人杰。

摘自《重要农业文化遗产赋》（于雪棠撰）

（10）念奴娇·览夏津黄河故道桑树群

辞京南下，览平原之野，青翠无边。一路高歌声遍地，离退人享清闲。桃杏枝头，红黄艳丽，莲叶碧田田。清香扑鼻，肺心犹感悠然。沙石荒野荆蒿，民生凋敝，何日得欣欢？赤帜飘扬桑梓变，葚果嫣紫蚕眠。粒粒晶莹，制糖酿酒，坡风兆丰年。夏津何在？运黄鲁冀相连。

注：【运黄】此指大运河、黄河。

摘自《重要农业文化遗产赋》（杨小保撰）

（11）【南吕】草池春·山东夏津黄河故道古桑树群

黄河道，桑树群，古木逢春。清晨，东风曲岸莺声近。观光带，一路茵，游人，园中止步，拍照留存。

摘自《重要农业文化遗产赋》（哈锦祥撰）

（12）题夏津黄河故道古桑树群联

六千亩桑林，老当益壮；

三百年葚果，红且无忧。

摘自《重要农业文化遗产赋》（楼晓峰撰）

（13）题夏津黄河故道古桑树群联

上下几千年，唐宋明清，沧海桑田传故事；

纵横一万里，绫罗绸缎，金梭银线织文明。

摘自《重要农业文化遗产赋》（祝大光撰）

（14）题夏津黄河故道古桑树群联

展黄河古韵，延齐鲁人文，葚果琳琅开画卷；

证沧海桑田，仰神州气象，虬枝盘曲焕新姿。

摘自《重要农业文化遗产赋》（周忠玲撰）

（15）题夏津黄河故道古桑树群联

生态展奇观，问谁蘸丹青，写百里桑田，千秋胜景；春风酣故道，看树妆岁月，教寿颐紫葚，梦舞绿柯。

摘自《重要农业文化遗产赋》（张树路撰）

（16）题夏津黄河故道古桑树群联

繁荫匝地，古树撑天，乃紫葚仙园，千载夏津开寿域；沧海昨朝，桑田今日，看黄河故道，万般春色焕生机。

摘自《重要农业文化遗产赋》（苏振学撰）

4. 桑葚诗歌

摘自《夏津文艺》（王培元作）

（1）夏津之恋

黄河故道敞开绿色怀抱，

白葚果含着甜蜜的微笑。

为了远方的客人，

唱着动听的歌谣。

天空蓝了，河水绿了，

人们的脸上洋溢着自豪。

风儿送来白玉鸟的问好，

香雪园里贵妃俨然一笑。

为了幸福的明天，

把芬芳的日子酿造。

心灵美了，话语甜了，

人们的心中激荡着荣耀。

啊，夏津，

圣贤赋予了智慧的奥妙。

在大地的画册上，

书写着心中的情操。

啊，夏津，

诚信架起了友谊的金桥。

在腾飞的道路上，

开拓出人间美丽富饶！

（2）采桑葚

采桑葚哟采桑葚，

采来一筐又一筐……

哎……

走进那，桑林园，

缤纷芬，一片片。

桑葚圣果串连串，

滴里嘟噜全挂满。

就像美丽彩宝石，

颗颗闪闪真好看。

采桑葚哟采桑葚，

采来一筐又一筐……

哎……

白皎皎，黑灿灿，

紫莹莹，红艳艳。

细细品味慢慢咽，

青春焕发妙无限。

把它装进记忆里，

让你甜蜜到永远……

（3）品一口古桑茶

品一口古桑茶

写一幅《百年香桑》，

便想到两千年的黄河故道；

想那片百年桑葚林；

联想到一段爱情故事——

桑葚之恋。

一段情、一杯茶、一首诗，

一首歌、一幅字、一个故事。

越品越有味道，

夏津老家的味道。

（4）题桑叶

把桑叶做成风筝，

让她飞向天空；

把桑叶做成孝茶，

让她孝行天下。

用桑叶写诗作画，

让夏津闻名天下。

两千年黄河，

一万亩桑田。

夏王点将出兵的沙滩，

变成万亩森林公园。

壶里乾坤大，桑林诗意多。

建德夏津，德行天下，

桑葚夏津，甜蜜万年。

古桑茶——丝绸之路上的饮料，

一杯古桑茶，温暖父母心，

百善孝为先，百茶桑孝道。

孝道、茶道，孝茶同道，

喝古桑茶，品中国画。

一片桑叶，一颗孝心，

一杯桑茶，兴起夏津！

（一）
遗产的重要性与保护的必要性

1. 遗产的重要性

夏津黄河故道古桑树群具有丰富的农业生物多样性、传统知识与技术体系和独特的生态与文化景观，不仅可以为目前所倡导的生态农业、循环农业、低碳农业在思想和方法上提供有益借鉴，而且对于保护农业生物多样性与农村生态环境、彰显农业的多功能特征、传承民族文化、开展科学研究、保障食品安全等均具有重要意义。古桑树群是自然界和祖先遗留给夏津人民的珍贵财富，历经千百载，与当地的自然、社会、经济、文化等密切相连，反映了环境变迁、世事兴衰，是科学考察和历史探索的活档案，非常值得认真研究。

古桑树群农业系统是在天然生态系统的基础上建立起来的人工生态系统，是集中国传统农耕文明之大成者，体现了"天地和谐，天人合一"的哲学思想。历史上的黄河泛滥，形成了夏津的地貌。黄河故道内的古桑树群农业系统，既是黄河流域农桑文化的代表，也是千百年来夏津人民在防风固沙上的伟大成就。人们为抵御风沙危害选择种植抗旱、防风、耐瘠薄且有经济价值的桑树，在防风固沙、保持水土的前提下生产水果，并在初步加工（晒干）后将之作为人们生活的食粮。在大量种植桑树的同时，为增强防风效果，控制好病虫害，增加收入，人们又在系统内种植其他林木，不同树种构成稳定的群落结构，以桑树为主，间有桃、杏、梨、柿、山楂等多种其他落叶乔木、灌木和草本植物。它既控制了水土流失，维持了生物多样性，又增加了人们的收益，达到了最充分、最合理地利用环境资源的目的。

数百年的古桑，依旧根深叶茂，冠幅达10米，即使是千年老树，依然年年硕果累累，在防风固沙、保持水土之余，一棵古树平均年产桑果400千克、鲜叶225千克，夏津农民形象地称之"甜蜜果"；桑果可以晒干，在靠天吃饭的年代，是重要的粮食，如今又是推动游客休闲观光的增收果。目前夏津县除桑葚鲜果采摘外，在桑果深加工领域也有很大发展，终端产品有桑葚罐头、桑葚蜜饯、干果、果汁、桑葚膏、桑葚酒等。同时古桑树群具有独特的观赏价值，已经成为夏津旅游开发方面的支柱项目，也为夏津群众发展乡村旅游业提供了更多的便利条件，创造了更多的经济价值。据统计，2013年夏津的旅游总收入相当于全县国民生产总值（GDP）的7%左右；而农业文化（旅游）产业在夏津县旅游产业的占比达60%，农业文化（旅游）产业已成为夏津县国民经济的重要产业。

2. 保护的必要性

夏津黄河故道古桑树群是全国最古老、最完整、最大的果桑经济林之一，也是全国唯一的古桑树群，夏津因此得到"中国葚果之乡"美誉。古桑树群是中国桑蚕产业和丝绸文化的历史见证，是古代人民在战天斗地、防风固沙中留下的宝贵物质遗产和精神财富。夏津人民根据对桑树"适应性强、根系发达，树冠冠幅大，防风固沙好，果实可充饥"等特点的摸索和掌握，一代一代植树不止。至清中叶时这里已是林木郁郁、烟树无边。目前夏津黄河故道古树群的古树、名木分布极广，主要包括桑、梨、枣、柿子、杏树等，共有3万余株。这些古树、名木集人文色彩于自然景观之中，具有极高的保护、科研和观赏价值。

从农业文化的视角来看，古桑树不仅是一种经济作物，而且还形成了以之为载体的文化，体现着或标志着夏津黄河故道地区独特的农业生产系统和当地人民利用自然、改造自然的创造活动的全部内涵。从生计安全的角度来讲，该系统为当地居民提供了多种产品。古桑树的果实、枝叶、树皮、树根等均可入药，特别是桑果，是联合国卫生组织唯一认定的既是果品又是药品的果实。同时系统中各种落叶果树有机结合，构成良好的森林生态系统，也为众多动物提供了栖息地，保持着比较完整的生态系统结构和丰富的物种多样性。

夏津黄河故道古桑树群代表了夏津百姓植树造林、防风固沙的历史智慧与斗志，但受各种自然及人为因素的影响，历史上夏津黄河故道古桑树群遭受过多次大的破坏。伴随着现代农业的发展，古桑树群再次步入历史的濒危点：由于古桑树群树龄长，有些树木生产能力低下，使得农民的经济收益难以提升，古树面临被砍伐的威胁，保护中国传统文化资源势在必行。

夏津黄河故道古桑树群是黄河故道地区宝贵的"活化石"。古桑树群的保护在研究中国黄河文化、丝绸文化及改善土地沙漠化、提高生态效益等方面均有重要推动作用，在保护遗产、利用遗产、造福百姓方面则能提供较高的社会效益和经济效益。只要我们充分利用好千百年来累积的丰富的桑树种植利用的实践知识，坚持知识经济的创新，夏津的桑产业一定能再度辉煌，并会可持续、高效、全方位地为防风固沙，节水保土和农民增收致富服务，同时更好地传承中华传统文化。

（二）
问题、机遇与挑战

1. 存在的问题

（1）自然因素与人类活动威胁　与所有的农业生态系统一样，古桑树群生态系统的稳定性和生产效率也常受自然因素（如生态系统演替、气候变化、病虫害发生）和人为因素（如管理不当、战争破坏、过度掠夺）的影响。近年来，农村产业结构的调整及生态环境的改变使得黄河故道古桑树群的生存环境面临着一定的挑战。随着人类活动范围的扩大，古桑树群的周边环境遭到不同程度的破坏。2014年黄河故道古桑树群受白粉虱病害影响，桑叶减产，也给当地植桑农民带来一定的损失。如何科学合理地保护古桑树群，已成为夏津桑产业可持续发展中亟待解决的一个问题。目前，古桑群落内部分古树面临树体内部腐朽、树势衰退的风险，急需做好复壮工作。

（2）桑葚保鲜期短　桑葚具有较高的营养价值及药用价值，因其具有果实成熟期早（每年5月中旬成熟）的特点，尚未到病虫害发病季节便已成熟，无需喷洒农药，是世界卫生组织公认的"第三代无公害水果"。遗憾的是，桑葚为多肉浆果，无皮无核，鲜嫩娇媚，无法长途运输和长期保鲜，是典型的时令水果，多年来人们只能在桑葚收获的季节一饱口福。不易保鲜、不便运输、集中成熟、物流不畅和没有深加工龙头企业收购等原因，造成桑葚果农的卖果难，丰产不丰收。这一原因也曾使夏津黄河故道古桑树群面临大面积的砍伐。时至今日，桑葚这一保鲜期短、无法长途运输的特点仍困扰着夏津的桑葚果农。

桑葚果实（白子母）　　　　　桑葚果实（大紫甜）

（于晓辉/提供）

（3）**桑产业品牌效应欠缺**　农产品品牌是农产品生产经营者为了与竞争者区别特定的农产品，整合当地的经济、社会和文化因素，以产品为载体、以商标为所有、以消费者为中心而建立的品牌，主要用于体现其产品及服务的独特性，便于形成比较优势。夏津黄河故道古桑树群具有优越的古桑树资源优势，却没有优质的农产品品牌以及相关产业的龙头企业，近期内很难在全国乃至全球打响黄河故道古桑树群产业品牌。

（4）**古桑树群保护管理措施不健全**　夏津地方政府非常重视对黄河故道古桑树群农业文化遗产的保护，目前正在全力推进全球重要农业文化遗产的申报工作，但专门的古桑树群保护管理机构尚未建立，遗产保护工作尚缺乏强有力的组织和领导。农业文化遗产保护是一项专业技术性很强的工作，但夏津现有的专业技术力量比较薄弱，难以承担繁重的保护工作任务；特别是从事理论研究的人员少，缺乏对农业文化遗产保护的深入研究，保护工作难以做到科学化、规范化。同时，对民间文化遗产的记录、整理、保存、保护，需要现代科技载体及先进手段的支撑，需要大量的投入。

2. 发展中的机遇

（1）**农业文化遗产保护与发展受到政府高度重视**　自2002年联合国粮农组织（FAO）发起全球重要农业文化遗产（GIAHS）保护项目以

来，全球重要农业文化遗产保护工作在国际上得到越来越多的认可。中国是最早参与GIAHS的国家之一，积累了许多成功的经验。夏津县黄河故道古桑树群具有悠久的历史、深厚的文化底蕴，同时也是夏津县劳动人民几个世纪传承和发展的智慧结晶，其对农业文化传承发展的重要性不言而喻。农业部于2012年开展中国重要农业文化遗产（China-NIAHS）发掘工作，旨在加强对我国重要农业文化遗产的挖掘、保护、传承和利用。夏津县政府非常重视黄河故道古桑树群的保护与发展工作，2014年山东夏津黄河故道古桑树群被认定为第二批中国重要农业文化遗产，为古桑树群的遗产保护工作打下了良好基础。

院士专家考察夏津黄河故道古桑树群
（闵庆文/提供）

（2）"丝绸之路经济带"建设的历史机遇 2013年9月，中国领导人提出共同建设"一带一路"（即"丝绸之路经济带"和"21世纪海上丝绸之路"的简称）的合作倡议，以促进经济合作和人文交流。历史上，丝绸之路是国与国、人与人交流的结晶，21世纪中国"一带一路"的建设将发掘古代丝绸之路深厚的文明和文化底

蕴，加强各国、各领域、各阶层、各宗教信仰人民的人际交往。夏津黄河故道古桑树群作为陆上丝路的重要丝绸生产基地、中国蚕桑文化兴起和衰落的历史见证，如能以此为契机，大力做好古桑树群的保护与发展，将有利于实现夏津桑蚕产业的复兴，拓展果桑产业链条，培育新的经济增长点，促进当地就业增收，增强经济可持续发展能力。

（3）桑产业发展得到地方群众认可
随着当地政府加强对桑树资源的保护、发展和利用，桑树已成为该地区经济发展的活力源。当地群众利用古桑树群丰富的资源，适度发展休闲农业，优化产业结构，农业收入迅速增长。近年来，随着知名度的提高，围绕古桑树群开展的产品深加工正逐步展开。夏津通过对古桑树群内农业系统各组分、各链条的有机整合，对不同产业之间进行有机耦合，把初级农产品生产与其后续加工紧密衔接，并根据生态、自然、经济、社会、市场条件，发展高效实用的生态农业。这一发展过程使夏津居民受益匪浅，同时也进一步认识到保护与发展古桑树群的重要性，越来越多的当地群众以很高的积极性参与到遗产的保护与发展工作当中。

（4）乡村旅游发展市场潜力巨大 黄河故道古桑树群历史悠久，文化积淀深厚，同时具有优美的景观，已经成为夏津独具特色的旅游资源。作为夏津县黄河故道森林公园的主体部分，以桑树为主的颐寿园是全国唯一一家千年古桑树桑葚采摘园，每年的5月中旬至6月下旬是桑葚成熟的季节，也是夏津当地的葚果采摘文化节，不同品种的桑树结出不同色彩的桑葚，游客

葚果采摘（于晓辉/提供）

在桑园中可以自由采摘各色桑葚、品鉴不同桑葚的味道。黄河故道古桑树群独特的景观和丰富的体验活动充分带动了当地的旅游发展，已经逐渐成为当地旅游开发方面的支柱项目，同时也为当地群众发展乡村旅游业提供了更多的便利条件，创造了更多的就业岗位和经济价值。

3. 面临的挑战

（1）现代农业对古桑树群的冲击　现代农业发展越来越快，古桑树群稳定的生态系统也正面临农药、化肥等现代科技的威胁，传统的管理方法虽然科学环保，但是远远不及使用农药和化肥见效快、方便易行，加之古桑树群周边有部分农田及村社，农事生产活动所带来的影响，将是古桑树群生存环境可能恶化的重要原因之一。

（2）旅游开发对古桑树群的破坏　随着夏津黄河故道地区旅游产业的不断发展，古桑树群已成为核心旅游资源，游客量也逐年攀升。通过旅游产业的带动，古桑树群焕发出新的生机，但是随之也暴露了一些问题：大量游客的到来对当地居民的传统思想有一定的冲击，他们带来了经济效益，也带来了环境的污染和破坏，攀折树枝、恶意晃动果实、折损幼苗等现象屡禁不止，对古桑树群的生长环境形成新的威胁。

（3）桑树种植养护的适龄劳动力减少　随着社会经济的发展、城镇化步伐的加快，越来越多的年轻人选择走出乡村，到城市中发展自己的事业。成年适龄劳动力的减少，已经成为我国农村及农业生产面临的一个普遍问题，在夏津县也不例外。在古桑树群的养护及相关生产方面，许多年轻人不愿从事农业重体力劳动，对与古桑树相关的经营管理等农业传统生产技术也缺乏热情，使黄河故道古桑树群农业文化遗产的传承面临一定问题。

（4）桑产业与文化发展竞争激烈　桑产业作为中国农业文化的重要组成部分之一，具有悠久的历史，全国各地桑产业的发展也都日趋成熟，不论是果桑还是蚕桑，现在在许多地区都已经有了相对稳定的产业链条。同时，随着国际化时代的到来，文化因素将在21世纪的社会发展进程中发挥越来越重要的作用。对于夏津黄河故道古桑树群而言，发挥其生产地特点、桑产品特点及文化优势，稳定立足于中国众多成熟桑产业之中，打响夏津黄河故道古桑树群产业品牌，已经迫在眉睫。

（三）
应对威胁与挑战的策略

1. 地方层面

（1）对自然因素与人类活动威胁的应对策略　一是建立多方参与的保护机制，提高政府层面对农业文化遗产项目的认同，促进古桑树保护与发展相关项目在地方的顺利实施。二是通过不断努力使各部门进一步认识到农业文化遗产对农业现代化进程与生态可持续发展的巨大贡献及其在新农村建设中所发挥的重要作用。三是充分发挥国家和省市农业部门在项目的领导与协调、科研部门在提供项目的科技支撑、地方政府在项目的具体实施等方面的重要作用。四是开展桑树病虫害综合防治研究，举办各种类型的会议和科普活动，加强对农民的相关方面的宣传，提高其保护意识。

（2）对桑树种植养护适龄劳动力减少的应对策略　一是通过培训、研讨会等方式扩大农户对古桑树价值的认识，发掘黄河故道地区农桑文化的影响力。二是通过旅游文化带动对古桑树的保护和可持续开发，同时提高农户的收入，提高桑树经营的比较效益，有效减少劳动力的外流。三是通过恢复桑葚文化节事活动，增进当地人对桑树的情感，提高地方进行文化保护的积极性和主动性，培养年轻人对桑树的感情。四是制定农户种植桑树的补偿措施，同时教授年轻人桑树经营的方法和技能，确保其有能力继续从事桑树种植。

（3）对古桑树群保护管理措施不健全的应对策略　一是建立专门的古桑树群保护管理机构，严格奖惩考核，严厉打击各种危害农业文化遗产的保护与发展的违法违规行为。二是提高遗产地管理者、技术人员、农民的科学素质，培养专业的农业文化遗产管理人才、桑树栽培技术人员和产品开发人员，培养农民的多种经营能力。三是完成遗产主要组成结构和薄弱环节普查，并制定针对性的保护措施，重点是加强古树的病虫害管理，加大对大龄、已发生病害的古树的保护力度，做好古树复壮工作。

（4）对旅游开发对古桑树群的破坏的应对策略　一是对古桑树最为集中的四片区域，控制旅游开发和设施建设，保持其原来风貌，使古桑树群核心保护区内的古树、沙丘、河流、村庄等协调发展。二是大力探索桑文化、桑产业与旅游产业相结合的新思路、新途径，创新古桑树群的开发利用模式，着力打造以古桑树群为核心的农业文化遗产地旅游品牌。三是把黄河故道古桑树群农业文化遗产作为丰富休闲农业内容的重要历史文化资源和景观资源来开发利用，增强产业发展后劲，带动遗产地的农民就业增收。

2. 国家层面

（1）对"丝绸之路经济带"建设历史机遇的应对策略　一是把夏津放在全球化和全国加快发展的大背景中，结合国家宏观战略调整和区域发展格局的形成，依据夏津所处的区位、资源和产业优势，突出战略定位，明确发展导向。二是以高度的文化自觉和文化自信，充分发挥黄河故道地区的农桑文化、地域民族文化等特色文化资源优势，突出文化积累，加强文化保护，创新文化发展，着力打造华夏农桑文明保护传承和创新发展示范区，以更大的力度推进文化发展，全面提升夏津农桑文化的凝聚力、影响力和竞争力。

（2）对现代农业对古桑树群的冲击的应对策略　一是按照科学合理、按需施肥的原则减少用肥量，尽量使用有机肥；按照《农药合理使用准则》中的国家标准，合理使用农药，尽量减少农药残留的危害。二是加强对传统生产管理技术的传承和使用，如采取施用绿肥、农家肥，土炕坯围树、涂油渣、捆绑薄膜等传统有机生产方式。三是建立外来物种环境影响评价制度，加强对外来物种引进的监管工作，禁止引入列入国家入侵物种名录的物种。

（3）桑产业发展竞争激烈应对策略一是建议夏津县政府为农业文化遗产保护提供便利的优惠政策和专项保护资金，对农业文化遗产旅游业、有机农业等的发展给予政策支持，对农业文化遗产核心保护区内的居民在生活和生产上予以政策和经济支持等。二是走精品之路，通过包装设计、商标注册、建立统一生产加工质量标准，全面提升桑产品的档次和市场竞争力。三是大力培育桑产品生产企业，提升桑葚加工能力，化解桑葚保鲜期短、果农卖果难的难题。四是通过科技创新开发出多样化的桑树衍生产品，延长桑树产业链，提升桑树附加值，增加遗产地农民的收入。

3.　全球层面

针对以桑树为代表的中国传统文化资源面临着的威胁，一要正确处理经济发展与非物质文化遗产保护之间的关系，加快对非物质文化遗产的确认、抢救、保存、整理和研究，并对其进行合理的开发和利用。二是对符合商标法规定的非物质文

遗产名称，应尽快由相关遗产保护单位进行保护性注册，而且注册范围不应局限于国内，还应包括国外，以期实现全面保护。三是尽快加入全球重要农业文化遗产行列，与其他遗产地结成联盟，分享其他遗产地的优秀经验，提升古桑树群农业文化遗产在全球层面上的影响力。

（四）
保护与发展的措施

1.　农业生态保护

一是农业生物多样性保护。应对古桑树群系统内生物多样性进行调查，对其数量、重要性等进行评估；主推病虫害生物防治，采取人工拔除或机械收割方式去除农林间作区域的农田杂草；合理控制园内栽培园林植物及地被植物种的栽植规模，有效保护乡土植物种群落；完善引进外来物种评估机制。

二是古树资源保护。应在全县范围内进行古树资源普查，了解区域内古树的品种、规模、分布、种植技术、生态经济效益等情况；加强对遗产地特别是黄河故道地区古树名木的保护，做好古树复壮工作；完善古树统计和信息登记，加强对古树的病虫害管理，加大对大龄、已发生病害的古树的保护力度。

古树保护（于晓辉/提供）

三是桑树种质资源保护。应以夏津黄河故道地区现有的古树名木及种类繁多的经济林木为依托，建设我国北方最大的经济林木种质资源圃，通过对古树名木进行扩繁，不断提高良种品质；建立桑类产物营养成分分析体系及古桑种质资源库，广泛采集桑树种子进入种质资源库长期保存。

四是遗产地生态环境保护。应建立遗产地农业面源污染、生活污染监测网络；开展古桑树群生态系统服务功能长期定位观测研究，建立古桑树群资源动态评价和预警体系；加大客水引过流量，同时减少水资源的浪费，采用喷灌、滴灌等节水技术并加大节水灌溉设施的使用规模。

五是传统生态农业技术保护。应发掘古桑树林下种养殖品种及技术；加强对传统生产管理技术的传承和使用；充分利用光、热、水、土等自然资源，因地制宜，积极发展林粮间作、循环农业等生态农业方式。

2. 农业文化保护

一是对农桑文化的普查与挖掘。应对农耕文化、民间文艺、民间艺人、民间技艺、民间习俗、谚语、歌谣、诗词、各种古建筑物和构筑物等进行补漏性调查，重新认识农桑文化的价值，建立完善的保护制度；针对有价值的非物质文化遗产和文物，组织申报市级、省级乃至国家级非物质文化遗产和文物保护单位等；积极申报全球重要农业文化遗产，进一步扩大夏津农桑文化的影响力。

二是对农桑文化的继承与发展。应针对流失的有价值的民俗活动、传统桑葚节庆活动等进行有目的的恢复，使农桑文化得到原生态保护并顺利传承；评选古桑树生产技术代表性传承人，支持杰出传承人开展重要农业文化遗产传承活动；充分发挥黄河故道古桑树群在中华农耕文明中的标志性作用，将其建成我国蚕桑文化遗产保护地和多元桑产业、现代蚕桑产业示范基地。

三是对农桑文化的展示与宣传。应进一步搜集、研究有关桑树栽培科学、历史等方面的文物和标本，建立国内首个古桑树文化博物馆；建成集农桑文化展示、农桑文化研究、精品展示、文艺演出以及休闲娱乐于一体的农桑文化主题公园；每年定期举办节庆活动，对节庆文化、文学艺术、饮食文化等非物质文化进行集中展示和宣传；通过媒体宣传提高夏津桑葚在全国的知名度；定期举办全国农桑文化研讨会，整理出版古桑树群农业文化遗产系列丛书及宣传资料。

葚果文化采摘节（于晓辉/提供）

四是对古村落、古建筑等的修复。应根据农桑文化普查的结果对农桑文化相关的物质文化村落、古建筑及农业生产设施等进行修缮和保护。具有历史、科研、观赏价值的古建筑等，在得到保护的前提下，可作为旅游资源加以开发利用。

3. 农业景观保护

　　一是遗产地乡村旅游景观资源普查。应对遗产地历史发展过程中保存下来的，对乡村景观特色及国土风貌和民众的精神需求具有重要意义的景观元素、土地格局和空间联系进行普查，包括对以农业为主的生产景观和粗放的土地利用景观以及乡村特有的田园文化和田园生活进行普查，并建立相应的景观数据库。

　　二是对核心区景观的建设与维护。应通过林相改造、有目的的间伐和补植、多样化种植等方式，进一步丰富古桑树群核心保护区的森林景观；对古桑树最为集中的四片区域，控制旅游开发和设施建设，保持其原来风貌，使古桑树群核心保护区内古树、沙丘、河流、村庄等协调发展。

　　三是对农村环境的治理。应加大对遗产地村庄生活垃圾的有效管理，健全沼气、秸秆气生产服务体系；实施太阳能清洁能源工程及农膜等农业污染集中处理工程；加快对遗产地杨树的改造，减少杨絮在空气中造成的污染；拆除核心区内不可利用的闲置破房和违规建设房屋，对于某些破败不堪的农房，政府给予一定的资金、技术帮助农民进行农房改造；通过绿化美化维护村落的整体风格。

　　四是对生产生活布局的优化。应对核心保护区内的村庄进行合理规划，对沙丘景观进行严格保护；通过规模化和多样化种植的结合，造林树种之间的混种、林农间作，以及对斑块、廊道的合理设计等优化农业生产景观；通过对重要景观节点如村庄入口处、居民住宅区和休闲区的不断美化，改善村落的风貌形象。

　　五是对乡村景观建设的监督与管理。应成立相应的景观监督与管理机构，对影响乡村景观风貌的违章行为和建设加以制止，对建成的乡村景观进行必要的维护与管理，以保持良好的乡村田园景观风貌。加强对乡村居民的景观价值宣传和教育，使其认识到乡村景观规划建设不仅仅能改善生活环境和保护生态环境，更与其自身的经济利益息息相关。

4. 生态产品开发

一是对桑产品生产基地的建设。应充分利用遗产地丰富的沙土资源，加快桑树新生态园发展步伐，引进饲料桑、叶用桑等新品种，对目前生态旅游区林带进行树种改良及种植结构调整，并逐步扩展到黄河故道全流域范围，切实扩大桑树基地规模，力争3～5年内基地规模达到10万亩，为桑产业发展提供资源保障。

二是对生态农产品的开发与宣传。应挖掘遗产地各类生态农产品，包括农产、畜禽、野生植物及深加工产品；大力发展以桑果、桑医药、桑茶、桑酒系列产品为重点的特色农副产品深加工产业；以企业或合作社等法人为主体，进行对生态农产品的"三品一标"认证。同时，在电视、广播、报纸、杂志等传媒上多层次、多角度开展对各类农产品的宣传，积极参加各种农产品展览和宣传活动。

三是对龙头企业的培育与品牌建设。应大力发展桑产品加工业，把桑产品加工提升为主导产业；以东方紫酒业有限公司、山东卡洛斯葡萄酿酒有限公司、圣源集团、山东鑫秋农业科技股份有限公司等为重点，做好对本地葚果酒的生产加工；培育桑葚罐头、桑葚蜜饯、果汁、桑葚膏、葚叶茶、桑黄等产品的生产企业；目前规划到2020年培育省级龙头企业10家，申报省级名牌产品20个。

四是对桑产业发展的政策引导与扶持。应鼓励农民和企业积极参与产业发展，通过产业链延伸，建立多方共赢机制；积极开展招商引资工作，鼓励民间资本和外资进入桑产业领域；建设新丝路桑文化产业园，形成集桑产品加工、科研、销售于一体的产业集聚区；充分发挥财政资金的支撑作用，在稳定投入财政资金的基础上，积极争取国家、省级财政预算扶持蚕桑行业发展的项目资金。

五是加强对外合作与交流。应与全国知名院校、科研院所紧密合作，提高桑产业科学研究技术水平；加快人才培养和学科体系建设，尽快设立院士工作站、建设中国古桑种质资源库、成立中国桑产业创新技术联盟等，为桑产业的保护和开发利用提供智力支持，为推动桑产业发展提供人才和技术保障。

5. 休闲农业发展

一是对遗产地旅游产品的开发与品牌建设。应以黄河故道国家森林公园的观光、采摘、休闲和度假功能为主题，合理利用生物、生态、农业、工业等资源，按照不同类型引进特色旅游项目，形成黄河故道生态体验旅游、区域文化体验旅游、科教旅游、休闲疗养度假旅游和农业观光体验旅游等五大特色旅游产品；大力探索桑文化、桑产业与旅游产业相结合的新思路、新途径，创新古桑树群开发利用模式，深入挖掘和弘扬桑文化、鼓文化、黄河文化、养生文化等文化资源，充分发挥各自优势，着力打造1～2个以古桑树群为核心的农业文化遗产地旅游品牌。

二是对休闲农业产品的开发。应依托夏津黄河故道古桑树群景观，加速观光产品升级；依托周边县市客源，大力发展休闲度假旅游；依托农桑文化，深度开发文化旅游，形成遗产地以农村休闲、研修教育、文化陶冶、自然山水游乐、特色商品为核心的五大休闲农业产品系列。大力发展以"吃农家饭、住农家院、摘农家果"为主要内容的农家乐；以休闲度假和参与体验为核心，拓展多元功能，发展功能齐全、环境友好、文化浓郁的休闲农庄。

三是对基础设施的建设。应加快休闲农业场所的路、水、电、通讯等基础设施的建设，建立明晰的路标指示和完备的停车场。参照相关规范标准，改善住宿、餐饮、娱乐、垃圾污水无害化处理等服务设施，使休闲场所和卫生条件达到公共卫生标准，实现垃圾净化、环境美化、村容绿化。加强休闲农业生产基础条件建设，在动植物新品种引进、现代种养技术示范、设施农业生产设备、绿色有机农产品生产等方面加大建设力度，为拓展农业功能创造条件。

四是对管理和服务体系的建设。应分类、分层开展休闲农业管理和服务人员培训，提高从业人员素质；强化对各类休闲农业合作组织和行业协会的管理与支持力度，增强行业自律性；引导科研教学单位创新、集成和推广休闲农业技术成果，建立休闲农业产业技术体系和信息服务体系，增强对休闲农业的支撑保障能力；引进专项投资企业及特色项目，推进景区市场化运作；整合夏津黄河故道古桑树群系统的自然景观、人文景观、农业景观等优势资源，以农桑文化为主题，设计满足游客吃、住、行、游、购、娱等方面需求的各具特色的旅游路线。

6.　文化自觉能力建设

一是普及农业文化遗产相关知识。应编写领导干部读本、农民实用技术手册、小学或初中阅读教材，在学校的展览和入学教育中融入农业文化遗产内容，普及夏津农桑文化相关知识，培养当地民众对桑树的深厚感情和自豪感，提高各利益相关方的认知与参与遗产保护和发展的积极性。

二是营造农业文化遗产保护与发展氛围。应摄制宣传用的影视资料，制作包含对夏津黄河故道古桑树群农业文化遗产的系统介绍的旅游宣传手册与挂历，利用报纸、广播、电视等传统媒体进行普及宣传，同时发挥微博、微信等新兴媒体的作用，运用形式活泼、贴近生活的内容宣传推广农业文化遗产系统，创造有利于夏津黄河故道古桑树群农业文化遗产保护与发展的氛围。

　　三是赞助、参加和举办农业文化遗产相关活动。应通过举办各类活动，特别是关于夏津黄河故道古桑树群农业文化遗产的学术活动，深入挖掘系统的多重价值与文化多样性；定期举办"葚果文化采摘节"；举办摄影展、征文比赛，撰写、创作或拍摄与夏津黄河故道古桑树群有关的散文、诗歌、小说、摄影作品，提高社会各界对夏津黄河故道古桑树群的关注度和认知率。

农业文化遗产保护研讨会（于晓辉/提供）

全球重要农业文化遗产培训班学员考察夏津

　　2016年11月1日，第三届联合国粮农组织"南南合作"框架下全球重要农业文化遗产高级别培训班学员到山东夏津县实地考察黄河故道古桑树群。联合国粮农组织（FAO）官员、全球重要农业文化遗产（GIAHS）项目官员、FAO各区域办公室负责人与意大利、英国、南非等近20个国家的农业部官员及专家，以及中国农业部、中国科学院地理热源研究所、中国科学院植物研究所的有关专家参加了培训班。

　　培训班全体成员参观考察了黄河故道古桑树群、民风民俗表演、新型经营主体桑产业加工情况，对夏津县的"全球重要农业文化遗产"申报工作给予了充分肯定，同时就如何保护森林地貌与农业地貌、如何做到农业文化遗产的保护和可持续发展提出了建议。时任县委副书记、县长才玉璞就古桑树群的情况作了专题演讲，各国专家就世界农业文化遗产的保护与开发进行了经验交流。

近年来，夏津县高度重视对农业文化遗产的挖掘与保护工作，以黄河故道古桑树群为核心，在积极保护开发农耕文化的基础上，大力发展集观光、购物、休闲、度假于一体的体验性旅游，实现了对农业文化遗产的传承、保护、利用与发展。

全球重要农业文化遗产学员在夏津体验民俗活动（于晓辉/提供）

四是引导农民重新认识传统文化。各级政府在推进新农村文化建设时，应强调传统文化的熏陶作用，重建农民群体的文化价值取向和评判标准；加强对农村知识群体文化自觉性的培养，充分发挥他们的桥梁作用，引导他们对农村文化建设作出合乎地方情况的解读并身体力行地加入建设，发掘农村文化建设的内部动力。

7. 经营管理能力建设

一是对规章制度的建设。应建立、健全适合农业文化遗产保护的社区参与相关规章制度，以确保社区参与实施的严肃性和延续性；建立可追溯的生产履历制度和食品安全保障体系，制止违法违规行为；积极组织农民成立农民生产合作社、农业文化遗产协会等机构，构建政府、企业、农民、专家学者与媒体各方参与决策的平台；设立桑产业发展基金，明确落实和出台各项资金扶持政策。

二是对人力资源的建设。加大技术培训力度，提高农民的科技素质；定期开设经营管理能力培训班，建成一支在桑树相关产业上懂技术、懂市场、能决策的复合型人才队伍；定期举办桑树传统技艺、农桑文化保护和桑产业发展的专业培训班和研讨会，邀请各方面专业人士分别对管理者和农户进行培训；组织农业文化遗产管理人员和农民代表积极参加各种农业文化遗产会议。

三是对生产科研基地的建设。应引导鼓励企业与附近大专院校、科研机构进行科技协作，建立生产科研基地，开展良种选育、遗传育种、深加工及综合利用等方面的研究，同时大力推广应用现有的科研成果和栽培新技术，不断吸收、借鉴和应用其他产业的先进技术，从而提高企业的创新能力。

四是对生态补偿的研究与实施。应加强生态补偿适用范围和补偿标准研究，在遗产地保护区逐步对符合生态补偿标准的行为实施补偿，通过转移支付的方式鼓励环境友好、资源节约的生态生产行为，保障遗产地生态系统的健康。

附录

山东夏津黄河故道古桑树群

附录 1　　　　旅游资讯

（一）
夏津概况

　　夏津因"齐晋会盟之要津"而得名，地处鲁西北平原、鲁冀两省交界处，北依德州，南靠聊城，西临京杭大运河，青银高速、国道308线、省道254、315线纵贯全境。这里实现了1小时上天（到济南国际机场），2小时下海（到河北黄骅港）。现辖10镇2乡1个街道1个省级开发区，共314个社区，总面积882平方千米，有耕地90万亩，总人口52万。夏津因植棉著称全国，素有"银夏津"之美誉。棉纺织、食品、油品三大传统产业不断提档升级；油品、面粉年加工能力位处行业前列，面粉年加工创单体能力和整体规模两个全省第一，先后获得"中国纺织名城""中国食品大县""中国植物油示范县"等殊荣。依托黄河故道森林优势，夏津的生态旅游区已初步形成旅游观光、生态采摘、休闲娱乐、会议会展多元化发展格局，公园先后被评为国家AAAA级旅游景区、国际生态安全旅游示范基地，并成功入选"黄河文明"国家精品旅游线路。"中华文化旅游国际名县""中国葚果之乡""中国绿色名县""中国生态文明先进县""山东旅游强县"等桂冠都花落夏津。夏津的土特产丰富，宋楼火烧、布袋鸡、珍珠琪曾作为宫廷贡品载入史册，在剪纸、书法、篆刻等艺术上人才辈出，马堤吹腔、木板大鼓被列入省级非物质文化遗产。

（二）旅游景观

1. 自然景观

（1）古树景观——中国国内罕见的古树群　夏津县古树名木分布极广，主要包括桑、梨、枣、柿子、杏树等，共有3万余株。这些古树名木集人文色彩于自然景观之中，均可独成景点，具有极高的保护、科研和观赏价值。

①古桑树——世界最大的古桑树群　古桑树在全园各区均有分布，是公园的特色树种。夏津葚果历史悠久，从遗存的古树看，树龄最高的为1 200年，大多数在二三百年以上，是平原地区保存至今的最大最古老的人工栽培果林。夏津葚果如小家碧玉，婀娜多姿，或白或紫，似玛瑙，像彩珠。初夏季节、果品鲜见之时，多彩娇嫩的葚果，越发诱人。桑树之果含有多种氨基酸，营养价值极高，俗称"圣果"。夏津葚果已获国家地理标志证明商标，夏津县也被命名为"中国葚果之乡"。目前，园区仍然古桑遍布，虽老态龙钟，但仍枝繁叶茂。

桑树王（夏津旅游局/提供）

②古柿树——国内少见的古柿子园　柿树也是夏津黄河故道森林公园的特色植物之一，据前屯村史记载：明洪武二十五年（1391年），褚姓人家自山西省洪洞县大槐树迁至此地，并随身携带了洪桐柿树幼苗百余株，栽于沙丘之上。目前区内有百年以上古柿树300余株，园中柿树王高18米，胸围2.6米，冠幅16米，树龄达600年之久，树冠呈半圆伞形，干枝粗壮，叶幕厚重，裸根十余条，如群龙盘踞，气势刚猛，为华北平原之最。区内古柿树虽然尽显沧桑，但仍生机勃勃、果实累累，1995年株产达5 000余千克。

③古梨树–保存完整、观赏价值极高的古梨园　古梨树群初植于1874年，主要位于义和庄南侧，总面积800余亩，其中，"梨树王"更是古树中的珍品。目前梨树品种有鸭梨、面梨、酸梨等20余个。早春梨花盛开时，如团团白云，似雪海琼涛，徘徊其中，仿佛置身梦幻境地，令人如醉如痴。冬日，雪衬盆景，千姿百态，如影如画。

④其他古树　夏津还种有古杏树、古枣树等，特别是"十样龙枣"，虽被盗伐，但其故事传说仍在吸引游客。

（2）葚果园　葚果园景区现有面积1千多亩，以古桑树为主。桑树是黄河故道森林公园的特色林木资源之一，全园上百年的古桑树就有3千多株，虽历经上百年、上千年，但仍然是枝繁叶茂、果实累累。葚果园景区的古树形态各异、千姿百态，这些古树是怎么形成的呢？公元11年的黄河改道，在这片土地上留下了31.5万亩的沙河地，一派荒凉。清

桑果园（夏津旅游局/提供）

康熙十三年（1674年），在朝遭贬的朱国祥到夏津任知县，认真勘察这一带地形，发现了古树资源，于是仿照前人让百姓大量种植这些古树林木，这一举措不仅让百姓远离洪水的蹂躏，也增加了百姓的经济收入。经过百年的固沙造林，至清朝中期，这里形成了这片古树资源。如今，景区内桑树树冠丰满、枝叶茂密，"卧龙树""腾龙树"气宇轩昂、盛气凌人、让人看罢不禁惊叹其姿态之美、姿态之奇！园内以寿文化、孝文化为主题，建有蔡顺拾葚、颜文姜等塑像。

（3）香雪园　香雪园面积1 000多亩，由京剧大家梅葆玖先生题字，园内建有义和团运动、贵妃醉酒、西厢记、梁祝等雕塑，有梨树数万株，其中百年以上的古梨树多达2 000余株，遂又名梨园。梨园初形成于隋末唐初，相传唐武德二年（619年）夏王窦建德与隋军的宇文化及大战于聊城，最终大获全胜，之后驻军黄河故道，在梨园犒赏全军。如今呈现在大家面前的梨园，经过了千百年的沧桑变迁，已发展成为一处大型景区。梨园一年四季各有美景：春季，梨花满园，"粉淡香清自一家，未容桃李占年华"；夏季，绿浪滔滔，尽在眼底，清风扑面，凉爽宜人，是避暑消夏的最佳去处；秋季，云淡天高，北雁南飞，黄梨红叶，五彩缤纷，空气中弥漫着梨的香甜；冬季，寒烟漠漠，林海雪原，可以让您眼界大开。如果您有幸遇上难得一见的雾凇奇观，更可以体会到什么叫做人间仙境。金秋时节，梨园内硕果飘香，鸭嘴梨、金黄梨、雪花梨、面梨、酸梨等二十多个品种相继成熟，一个个酥脆细腻、皮薄

香雪园（夏津旅游局/提供）

肉嫩、浆汁丰浓、甘甜爽口。金秋时节来到梨园，不仅可以采摘香梨，也可以挖花生、刨地瓜，体验农耕之乐。

（4）天然沙丘景观——保留最为完整的黄河故道地质景观　位于黄河故道腹地，园内微地貌类型复杂，河滩高地、沙丘地、决口扇形地、沙质砂槽地纵横交错、岗丘密布、连绵起伏，形成了平原地区少见的天然沙丘起伏地形，极大地丰富了地文景观内容。夏津八景之一"茫沙烟雨"就是黄河故道沙区的烟雨景观。

（5）双庙自然保护区　面积达1500亩，分布在南双庙和后屯两村。为古混交林，主要有刺槐、杨树、白蜡、桑树、梨树、山楂等。其中，南双庙村部分主要以果树为主，有山楂、梨、葚、葡萄、苹果等。后屯部分则被两村间的南北公路分为东西两区，东区以白蜡、杨树、刺槐、桑树、梨树等树木为主；西区则依托各种古树林木、茂密树林，林木或高耸入天、遮天蔽日；或老枝权桠、苍劲挺拔。

2. 人文景观

（1）杏坞书院　咸丰八年（1858年）邹绍鲁、刘令晦、潘克博等绅士为兴义学，多方筹资，修建书院。因其掩影杏林中，命名为"杏坞书院"。为纪念这一古迹，把这个园区取名杏坞园。此园区将民间义学、儒学和现代教育相结合，着力打造文化教育这一特色。园内现有古杏树1 000余株，古杏树与古葚树、古山楂树形成混交古林，虽历经沧桑，但仍枝繁叶茂，身处其境，书香墨色犹存。这里建有三孔牌坊、论语碑、孔子像、凿壁偷光、程门立雪等塑像。

（2）会盟台　西汉初，于夏津置鄃县，为置县之始。隋开皇十六年（596年），又别置夏津县；隋大业（605年～618年）间，因罹水患，废夏津并入鄃县。唐天宝元年（742年），改鄃县为夏津县，直到现在，已历1 200多年。旧志称夏津"春秋战国为赵、齐、晋会盟之要津"，现推断鄃县改称夏津，当是根据鄃县在春秋战国时的政治、地理特点而命名的。

会盟台（夏津旅游局/提供）

（3）朱公祠　清康熙十三年（1674年），抚台朱国祥曾在夏津附近出巡，见此地"沙漠荒凉，人烟凋敝""地半沙滩，不易禾稼"，便喻"当地人多种果木，庶可以免风灾而裕财用"。之后，周围百姓牢记朱公训导，植树不止，迄于清中叶已是林木郁郁、烟树无边。百余年后，为谢朱公恩德，人们募捐资财、修筑朱公祠。现已发现记载此事的"功德碑"。

朱公祠（夏津旅游局/提供）

3. 古遗址景观

（1）古鄃县城遗址　在今夏津县城东北、平原县城西南17.54千米之阚家庄，有鄃县故城遗址，遍地瓦砾，不宜耕稼，其城址至今仍依稀可辨，人们俗称为"城子里"。此地曾出土古钱币颇多，钱之文样曰"货泉"。

（2）夏津古城遗址　在今县城以北15千米处的新盛店镇新盛店村，地势与今县城相仿，大十字街为地势最高处。据旧志载，因此地低洼、遇雨即涝，因此迁鄃城，改鄃为夏津。此地先后称孙生镇、锦川镇、新县店、新盛店。

（3）窦建德兵站遗址　在今夏津县郑保屯村东北约1.54千米处，相传为隋末农民起义领袖窦建德屯集兵马之所。据说，义军与隋军战于聊城，建德为蓄积生力军，将参战将士轮番更换，在此地集结休整，以保持其勇猛的战斗力。1982年据文化部门勘测，其遗址东西长250余米，南北宽200余米。周围高出地面1米左右。今其址内蒿草丛生，瓦砾遍地，不宜耕作，为一片荒野。至今当地人仍相沿称之为"兵站"。发掘此地时，曾出土部分隋唐时期的陶片。据当地农民说，在此处曾拣得骰子多颗，大概为当年兵士赌博之物。

（4）窦建德屯粮仓廒遗址 在今夏津县老城东北角（今北城街东首）。唐武德二年（619年）春，农民起义领袖窦建德与隋军激战于聊城，窦建德以此地为军需物资"转输之地"（见清乾隆本《夏津县志》），曾将粮草囤积于此处，以济军用。廒场东西长400米，南北宽250米左右，周围有水沟封闭。水沟用途有二：一为保护廒粮，免被盗窃；二为以沟水防火，起消防作用，实为一举两得。据说，当时隋军因粮草接济不及，军心动摇，战事失利，而建德因此处粮秣的接济而大获全胜，并擒获隋军大将宇文化及。此廒场之纵横水沟及范围于20世纪70年代尚依稀可辨。

粮仓遗址（夏津旅游局/提供）

（5）大云寺遗址 位于东李镇张法寺村东南。始建于金，后因年歉兵燹，渐次衰颓，迄于元末，殿宇倾圮几尽。明洪武二十四年（1391年），法师张福广（掖县人）来此经营重修，至明天顺七年（1463年）竣工，历时70余年，始建成煌煌大寺。共建各式大殿一十八座，"三佛、护法、大悲、五百罗汉、金刚"诸神像俱全。僧房、仓库、浴室、厨房等配套设施

无一不备。"栋宇鲜丽、金光流映，煌然为东藩伟观"（清乾隆本《夏津县志·艺文志》），盛时僧众达百余人，为方圆数百里之名刹。明山东提学使沈钟曾有诗赞道："岿然梵刹夏津东，万木丛深一径通。满路飞香三数里，绕檐鸣铎半虚空。回翔鹳鹤翩翩下，导引袈裟个个同。除却灵岩堪伯仲，其他琐琐敢争雄？"据旧志记载，寺中对外租种的地产达8 300余亩，寺址占地达16万平方米之多，可见寺院规模的恢弘气势。后因年湮日久，世事沧桑，殿宇倾圮，僧众散归，时至民国二十三年（1934年）左右，其建筑已被拆除殆尽。现在其址仍瓦砾遍地，常出土祭祀用的陶瓷器皿及赑屃，方形墓碑等。当地人现仍保持有"大阁""塔坟"等地名称谓。

大云寺遗址（夏津旅游局/提供）

（6）陈公堤遗迹 自县境西南向东北方向那些断断续续的沙土丘，就是"陈公堤"的遗迹，"盘曲低昂，状若蛟螭"。原障老黄河之水（前602年），见证黄河之汹涌，后障宋时黄河之水（1072年），因为河北转运使陈尧佐所筑，故称陈公堤，又称"贝野长堤"，曾为夏津八大景观之一。平野之上，大堤突兀而起，远望势若长

虹，尤为壮观。清代雍正时古恩县知县陈学海还曾有诗赞之："望人修堤一带迷，造堤人去柳成蹊。烟连秀野千家麦，势障黄河万顷泥。草长平湖春浪阔，渔归小艇夕阳低，苍葚奠得民安业，处处丰登乐岁畦。"沿旅游风景公路还可观赏到陈公堤残留的断面，是夏津黄河故道森林公园重要的地貌景观。

（7）点将台遗址　位于北铺店村东。公元611年，农民起义领袖窦建德首举义旗，迅速占领了夏津县城，隋炀帝派宇文化及率大军前来征讨，窦建德闻报后，在北铺店东依沙丘修筑了"点将台"，点将誓师，率军南下，在聊城一带大败宇文化及所部。20世纪80年代，在原址重修了点将台。点将台威武雄壮，拾级登台，远眺黄河故道的层峦叠翠，遥听世代相传的窦家军鼓角阵阵，溯望那泣鬼神、动天地的古战场，似乎能看到夏王窦建德沙场点兵、挥戈跃马的壮阔场面。

（8）白龙王庙村汉墓群　位于新盛店镇的白龙王庙村东。20世纪80年代初，县文化馆派人勘测，发现古墓多处。上报上级文物管理部门后，曾组织发掘，经鉴定为东汉早期墓葬。出土有陶鸡、陶狗、陶楼子等，现存于县图书馆。这里发现的古墓仅2处，墓主系一般平民。其他墓葬尚未发掘。

（三）
旅游时节

夏津黄河故道森林公园地理条件优越、旅游资源丰富，各园区四季风景独特，是得天独厚的旅游胜地。夏津黄河故道森林公园根据自身资源特色，每年定期举办节庆活动，包括梨花节（每年的4月中旬）、槐花节（5月初）、葚果文化采摘节（5月下旬）、金梨采摘节（9月下旬）、冬雪节（12月下旬）等，各种节庆活动丰富多彩，能够带给游客不同的体验，是宣传营销的重要方式。

1. 梨花节

　　每年四月夏津县黄河故道森林公园的梨花节都会在香雪园景区隆重开幕。梨园内，千树万树梨花开，让人宛若置身于人间仙境。人们感受着田园美景，一览春光。

　　梨花节旨在大力宣传"游故道赏梨花"主题，活动期间香雪园景区会举行民俗文艺演出、梨园摄影、媒体采风等活动，节会活动呈现三大特点：一是民俗文化演出精彩纷呈，游客将近距离观赏民俗演出，充分感受乡俗文化的震撼力、感召力；二是休闲旅游主线突出，梨花节期间，游客游览在花间，梨花飘雪、漫天飞舞，能真正体验到宁静、纯美、超脱的生活真谛；三是梨花节注重活动的互动性，让游客真正地感受到农家生活。香雪园百年老树分布广泛，梨花节对于夏津新型旅游格局的形成具有积极的意义。

梨花节（夏津旅游局/提供）

2. 葚果生态文化采摘节

夏津黄河故道国家森林公园内有百年以上古树3万多棵，被誉为"中国北方落叶果树博物馆"，其中以古桑葚树资源最为独特，夏津县因此被命名为"中国葚果之乡"。这里的葚树非常特别，是在夏津黄河故道生态旅游区独特的水土条件和气候下培育出的"独一无二"的树种。这种葚树结出的葚果是一种状似草莓、味甘如蜜、又甜又软的乳白色葚果，不仅个头大，而且灌浆后口感甜蜜。每年5月下旬，森林公园内的颐寿园内成片的古桑葚树结出累累硕果，也是在这个时候，这里会举办德州"中国旅游日活动"暨夏津黄河故道葚果生态文化节，许多游客会在这个时候来到夏津采摘、品尝新鲜甘甜的葚果。

葚果采摘（夏津旅游局/提供）

3. 金梨文化采摘节

每年9月，夏津县都会举办金梨采摘节。历史给夏津县境内的黄河故道留下了12万亩面积的原始森林，夏津县以此为依托，发展生态旅游，已连续多年举办仲春梨花节、仲夏圣果节、仲秋金梨节。随着

景区环境不断优化，游客与日俱增，景区等级晋升为国家4A级。以种植梨树为主的香雪园占地面积1 200多亩，园内有百年以上的古梨树2 000多株。金梨文化采摘节期间，客人游园其中，领略美景、采摘香梨，品尝无公害多品种花生、地瓜、毛豆，吃时鲜农家饭，感受金秋季节的田园风光，观赏木板大鼓、马堤吹腔等地方曲艺表演，实在是愉悦身心。

（四）
标签饮食

1. 宋楼火烧

为夏津名吃，系以小麦、黄豆面为原料，加盐水和面，反复抟揉，折复擀轧，内涂香油，使之层若叠绢，经烤烙而膨为灯笼形，焦香酥脆，每个重仅210克，故又名"灯笼火烧""风筝火烧"。

宋楼火烧始创于清朝中叶，由宋楼村厨师侯其顺创制。清同治四年（1864年）其曾做贡品晋贡京师，颇得宫禁后妃青睐。当时，同治皇帝拟选侯其顺进御膳房供职，因其妻分娩而未果。后其子侯振兴继营此业，手艺益精，制作日巧，于清光绪二十五年（1899年）复将宋楼火烧进贡于光绪帝与西太后，得赏银五十两（事见侯氏族谱）。由于制作技艺的提高及经

营规模扩展，现营此业的有姚庄、靳庄等十余个村庄。宋楼火烧可储存三年而不变质，向为当地探视病人、馈赠亲友的传统礼品。若切成细丝加精猪肉及鸡蛋闷烩，吃起来柔软松散、别具风味。

仿制，食者无不叫绝。然方学成意为不佳，尝于笔记中叹道：馔制虽美，然犹不及鄡味。

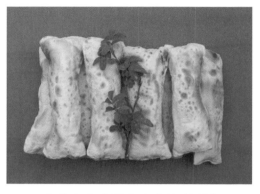

宋楼火烧（夏津旅游局/提供）

2. 布袋鸡

夏津美食，为当地华宴群馐之冠。

正宗布袋鸡名为"海味什锦鸡"，因其状如布袋，故名"布袋鸡"。布袋鸡选料精良，制作别致。多选当年生母鸡，宰杀、煺毛后，於咽下切一竖向二寸许小口，去其内脏、剔除骨头，使其成为"肉布袋"。然后，按比例装入海参、木耳、海米、竹笋、瘦猪肉丝、硬鸡蛋羹等十六种佐料，用竹篾将口缝严。入油炸至金黄色，上笼清蒸，并配以青、红、黄等色蔬菜拼成的图案，放入盘上时宛如整鸡伏于锦簇之中。上席后，划开背部，内馅露出，肉鲜馅美，香而不腻，独具风味。

清乾隆年间，夏津知县方学成曾派人专学此艺，卸任后回安徽原籍，宴客多次

布袋鸡（夏津旅游局/提供）

3. 苦水羊肉丸子

苦水羊肉丸子是家住夏津北城苦水村的一位农民独创的一门手艺。

羊肉丸子的原料主要有羊肉、葱、姜、鸡蛋、香菜等，调料由花椒面、胡椒粉、盐、淀粉、香油等10多种材料组成。上好的羊肉丸子只能用1年生的母山羊肉制成，这样制作出的羊肉丸子肉质细嫩、韧劲十足。羊肉能御风寒，又可补身体，

营养价值高，凡肾阳不足、腰膝酸软、腹中冷痛、虚劳不足者皆可用它作食疗品。

羊肉丸子的制作方法：先把羊肉用刀剁碎（用绞肉机绞出来的肉远不及用手工剁出来的肉味美），再用刀背把碎肉砸成肉泥，加上葱、姜、味精、淀粉、胡椒粉等材料，用手朝一个方向把肉搅成一团，下锅用清水煮，等丸子在水中飘起来时，即可出锅，然后再加上香菜、香油等细料——这样一份原汁原味的羊肉丸子就大功告成了。端在你面前，真是香味扑鼻。

苦水羊肉丸子（夏津旅游局/提供）

4. 银丝面、珍珠琪

夏津县银丝面，又名龙凤面，原为雷集镇张集村张氏祖传面食，迄今已有200余年历史。银丝面选用上等精细面粉为原料，配以十余种佐料，人工擀轧，面薄如纸，切成细丝即为银丝面，再横切则为珍珠琪。银丝面、珍珠琪久煮不烂、不黏，仍根根、粒粒分明，如银丝碎玉，晶莹透明。食之软腻、滑韧，若另配以麻汁、炸

酱、肉丝、醋、蒜等佐料，更别具风味。现全县生产厂家达10余处，各厂家在传统工艺的基础上，又利用现代化手段生产，其风味尤佳，营养成分更趋丰富，且产量与日俱增。溥杰先生品尝后，曾欣然挥毫写诗称赞：古树发新枝，银邮绽奇葩，不啖珍珠琪，愧称美食家。

银丝面、珍珠琪（夏津旅游局/提供）

5. 古葚宴

古葚宴的主要菜品有葚叶汤、葚果炒玉米、葚叶馒头、葚叶煎蛋、炸葚叶、葚叶丸子等。古葚宴最大的特色就在于它有着丰富的药用价值，葚叶除能散风除热、清肝明目外，还有驻颜乌发的功效；葚枝有祛风湿、通经络、行水气的作用；而葚

果能清热解渴，有养阴润燥和补血的作用，而古葚宴把葚树所有的有益元素都渗入了菜中。美味古葚宴，为到夏津不可错过的美食。

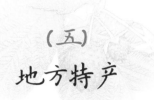

（五）
地方特产

1. 夏津葚果

夏津独特的水土条件和气候，培育了这里"独一无二"的桑树。夏津的桑树经过多年改良，葚果颗粒饱满、果肉肥厚、状似草莓、汁溢鲜嫩、味甘如蜜，不仅个头大，而且灌浆后口感甜美。"芒种"时节正是葚果成熟时，是采摘、品尝葚果的最好季节。冠盖巨大的树枝上，累累果实，如繁星缀空，村人持长杆击树，收获葚果。人们于千顷葱绿之间，漫步树下，信手摘食，别有一番情韵；单颗或成把地将桑果放入口中，那感觉，美得无法形容。尤其是雨过初霁、纤尘皆无时，桑果清新凉爽，口味更佳。

葚果俗称桑葚，县域内有紫、白、乌三种，其中紫葚最多，白葚次之。乌葚为未嫁接之葚（即野葚），数量最少，主要产于东沙河地区。

夏津葚果（夏津旅游局/提供）

夏津葚果味甘似蜜，汁若醍醐，其中的白葚果粒大、汁液浓，品味尤佳，为葚中之上品。夏津葚果有较强的滋阴、养血、补肾、健脾、乌发之功能，是久病初愈、神经衰弱、失眠健忘、气血亏虚者的滋补佳品。葚果可酿造成葚酒、榨成葚汁及晒制成葚干、葚糕。以其为原料酿造的桑葚酒，色泽鲜红，味甘微酸，并有鲜葚香气，颇得人们赞誉。

2. 益和成糕点

益和成糕点始创于清光绪年间，由夏津双庙村糕点名师李森先创制。为提高质量，其曾辗转于京、津、济等地向糕点名师学艺，因而所制糕点在继承传统风味的基础上又兼具京、津、济之特点，为取"和顺增益""和气生财"之意，故名"益和成"。

清光绪年间，夏津知县王曾俊对益和成糕点大加推重。卸任时，他将之带回故乡祥符（今开封县），并送呈河南巡抚裕宽品尝，颇得誉扬。后来王曾俊曾邀李森先赴祥符传艺达半年之久，因而至今开封糕点中的个别品种仍和益和成的糕点风味相类。

1985年以来，益和成糕点第四代嫡派传人李吉厚在对传统工艺进行进一步发掘提高的基础上，又结合技术开拓创新，使益和成糕点形成了造型美观、色泽鲜艳、香甜不腻、脆嫩可口、贮存耐久（经夏亦可贮存半年）的独特风格，因而成为当地人馈赠亲友、欢度节日、喜庆典礼的必备食品。现年产量可达8 000千克，除在本地

销售外，还远销河北、河南、山西等省及平原、高唐、临清等县市。

益和成糕点以其独特品位赢得了广大顾客青睐，台湾省澎湖县马公市文康街的董仁贵先生曾来信赞道"品质优美，货真价实"。山东莘县樱桃园工商所的退休干部陈百斗同志也来信赞道："有新味，是名副其实的传统产品。"山西太原市的老干部戴成珂曾写诗赞道："入口咀来似醍醐，味道适口不厌足，日来常佐香茗饮，颐年堪绘耄耋图"。

益和成糕点（夏津旅游局/提供）

3. 夏津大杏

杏为夏津县传统水果，栽植历史悠久，据明嘉靖本《夏津县志》载，明朝初年境内就大量种植杏树。清初，城东北15千米的小王庄设有大杏专市。每年杏熟，商贾云集，车载囊驮，运销于幽、燕及江浙、湖广一带。

夏津大杏分离核、粘核、半粘核三个群，苦仁、甜仁两大类，目前计有红脸二麦黄、红半个、红花节、红铃铛、串枝红、三变丑、破核、酸白、红梅子、大白水杏、金黄杏、鹅翎白、红巴旦、白巴旦

及老鸹枕头杏等62个品种，主要产于古堤之上及东、西沙河地区，其中以后屯、双庙两乡最多。据1985年调查，全县杏产量为75万千克。其中左堤村的老鸹枕头杏为佼佼者，因其酷似鹅卵石（当地人称为老鸹枕头）而得名，个大皮薄，甘酸适口。该杏是由土杏树经选择、嫁接而成。它枝干粗壮、叶片肥大、果实发育快，于芒种前成熟。每枚重50～80克，成熟后白中泛黄，有浓郁的米兰香气，为杏中上品。

夏津大杏，香气馥郁、甘酸适口、含多种维生素，且品种繁多、成熟较早，颇受人们喜爱。用夏津大杏加工而成的果脯、果酱，营养丰富、色味俱佳。

夏津大杏（夏津旅游局/提供）

4. 靳庄木耧

为夏津县田间上乘的播种工具。因其漏种均匀、耕地深浅适度、坚固耐用且便于操作而闻名于夏津及高唐、武城、临清等周边县份。

清朝中叶，靳庄匠人据多年经验，对木耧制作工艺反复改进，耧板、支架改用子木柳或白槐木制成，耧腿也改用柳树根制成，故特称"黄瓜腿"。用材须经浸泡、薰熇、阴干、贮存而后制作，长久使用无开裂、变型之弊，逐有"风燥、雨湿，不呲不拔"之说。靳庄木耧兴于清末民初，延至新中国成立之后。因制作工艺独特，故无大型厂家，匠人仅进行以家庭作坊式生产，冬闲制作，农忙歇业，年产出仅200余架。

20世纪70年代后，渐被播种机取代。

木耧（夏津旅游局/提供）

5. 刘芦圈椅

圈椅为"八仙桌"（方形桌）的配套家具，深受夏津人喜爱，刘芦圈椅为其中上品，其制作史已无可考稽，但因做工精细，经久耐用而闻名遐迩。其选料多用子木柳（一种子生柳树），以桑木尤佳。所用材料须经浸泡、蒸煮后，捆绑压制成部件，阴干后组装，继以桐油涂刷，再上漆后，光亮可鉴。20世纪80年代，圈椅骤兴，人们多以之为时尚，故刘芦、姚庄、朱官屯等村的加工户有近百家。

后因沙发、联邦椅兴起，圈椅渐少。

旧式圈椅（夏津旅游局/提供）

6. 扫街土

为"夏津三古"之一，其土是指县城内街道上被人畜蹂踏、车辆碾压后的浮土，人们扫起，用做肥料。此土仅适宜施于沙质地，盐碱地不宜施用，县城东南各村庄之沙壤土地尤宜施用"扫街土"。有人曾说此土推出南城门，便发黑色，此语不知确否，但施于沙质地中，确能肥田而且增产却是事实。

据人们研究，"扫街土"有肥效是因城内之地低湿而多碱卤的缘故。如今县城之街道已全部改为柏油路或砖石硬化路，此物虽然已不复存在，但其名仍流传于世。

附录2　大事记

约公元前1559年～前1046年（殷商时期）：在河南省安阳殷墟发掘出的甲骨文中有"蚕、桑、丝、帛"等象形文字和许多以"丝"为偏旁的文字。

约公元前1046～前771年（西周）：周代不少封国和地区已有了蚕业，并且生产出各种丝织品。其他一些封国和地区，在史料中也有关于桑树生长繁茂的记述。

公元前770～前221年（春秋战国时期）：春秋末期铁器的应用极大地促进了生产力的发展，我国的蚕业也因而有了更快的发展。《史记·楚世家》载："吴之边邑卑梁与楚边邑钟离小童争桑，两家交怒相攻。"又西施家世业蚕桑，可见春秋时江南地区的蚕业已较普遍。

公元前602年（周定王五年）：黄河在河南滑县决口，在夏津县境内形成西南—东北向黄河，当时被称为"大河"，行水613年。此河在县境内长39千米，河槽宽300～900米，加之决口扇形地，河床宽度在0.5～12千米之间，河流总面积达22.6万亩。

公元前221年～220年（秦汉时期）：秦汉时期开始设立"大司农"职。蚕丝在两汉有着广泛的用途和较大的市场，是城市手工业和农村家庭手工业经营的主要对象之一。

公元11年：黄河再次改道，给夏津留下了一段沙丘绵亘的黄河故道。当地人民为了防风固沙而植桑造林，其延续至今。形成了夏津黄河故道古桑树群。

公元220年～280年（三国时期)：《三国志·魏书·司马芝传》载"武皇帝特开屯田之官，专以农桑为业"，说明屯民除缴纳租谷供应军粮外，也必须向统治者提供绵绢。

公元265~589年（两晋南北朝时期）：贾思勰的《齐民要术》有一卷专论种桑柘，收录前代的蚕桑养殖科技成就及当代的生产经验，在指导当时的蚕桑生产中起到积极作用。

公元581~960年（隋唐五代时期）：隋代重视发展包括蚕桑在内的农业，每年"季春上己，皇后祭兄蚕于坛上"，象征一年蚕事的开始。唐代江南蚕丝业发展得很快，"旷土尽辟，桑柘满野""丝绵布帛之饶，覆被天下"。五代十国期间经济受到严重破坏，蚕丝生产上出现倒退，仅南方少数几个国家注意发展蚕业，较前代稍有提高。

公元960~1279年（两宋时期）：在这320年间，国家多事，北方屡遭战争破坏，蚕丝业逐渐衰落；南方战事暂时平息，蚕丝业在前代的基础上进一步发展，形成了全国规模的主要丝绸产区。南宋后期，长江流域已开始种植棉花，起初只是少量的，以后栽培区域和种植面积逐渐扩大。

公元1048年（宋庆历八年）：黄河在澶州（今濮阳县）商胡埽大决，向东北冲出一条新河（宋称"北流"，故宋时黄河又称"商胡北流"），流经夏津至青县合卫河入海，行水146年。此河在夏津县境内长33千米，河槽宽300~800米，加上决口扇形地计算后，河床宽度在2~2.5千米，河流总面积4.6万亩。

公元1206~1368年（元朝）：至元十年（公元1273年）颁发的由司农司（相当于今农业部）编辑的《农桑辑要》，是我国第一部推广农业科技的官书，书中辑录历代及当代蚕桑生产科学技术，至今犹有参考价值。到元朝中叶，长江流域的棉花种植已比较普遍，并扩展到黄河流域。人们日常生活中所用的丝织品被棉布所取代，丝绵被棉花所取代，植棉对桑蚕业的排挤作用日益明显。

公元1368~1644年（明朝）：至明代，在政府提倡发展蚕业的各项措施推动下，农村生活安定，生产面貌不断改观，生产力逐渐增长，蚕业收入成为农村的主要经济来源。明朝建立前后的数度兴兵北伐，使夏津受到沉重打击，人口锐减，尽管此时夏津县人口很少，但桑蚕业仍是夏津主要的贡赋来源之一。

公元1531年（嘉靖十年）：据明嘉靖《夏津县志》记载，该年夏税的丝绵产量已远远高出洪武年间；同时，对桑果也有了明确记载。

公元1644～1911年（清朝）：清朝初期，生产力遭到严重破坏。其后，统治集团逐渐采取开辟荒地以及奖励农业的政策，使生产得到发展，蚕桑生产和蚕业科学技术在260多年中也在进步。当时西方的意、法和东方的日本在蚕业生产科技的某些方面已超过我国。这些先进的生产技术和科学理论传入我国，对我国的蚕业科技起到了推动的作用。

公元1674年（清康熙13年）：在朝遭贬的朱国祥就任夏津知县，晓谕百姓"多种果木，庶可以免风灾而裕财用"。此后历经几百年的封沙造林，至清朝中期夏津已是林海茫茫、果木成片。至20世纪20年代，夏津林地面积达8万亩。

公元1912～1949年（中华民国）：民国时期，各届政府对蚕丝生产都非常重视。孙中山先生在《实业计划》中大力提倡栽桑养蚕。日伪时期，因为战争，大量树木遭到砍伐。

1949～2005年：新中国成立初期至"文化大革命"期间，因以粮为纲、毁林造田，夏津黄河故道古桑树又遭劫难。21世纪初期，随着农业机械的普及、灌溉条件的改善，新一轮的毁林开荒开始，古桑树又被大量砍伐，以致仅剩6000多亩。

2006年：黄河故道森林公园被德州市林业局批为市级森林公园，同年夏津县委、县政府根据旅游业的发展现状，成立了"夏津县旅游局"，下设旅游公司、部门、科室等机构，隶属夏津县人民政府科级单位。

2008年：夏津黄河故道森林公园开发管理处成立，为正科级事业单位。

2009年：夏津黄河故道森林公园被批为省级森林公园。

2012年：森林公园开发管理处成立了以夏津黄河故道森林公园开发建设为目的的生态旅游区推进委员会，进一步加强对森林公园的开发工作。

2014年：夏津县人民政府成立夏津县黄河故道森林公园管理委员会，将夏津黄河故道森林公园开发管理处移交夏津县林业局。

2014年5月：主要位于夏津黄河故道森林公园内的山东夏津黄河故道古桑树群被农业部列为第二批中国重要农业文化遗产，为山东省首家。

2014年7月22日：山东夏津黄河故道古桑树群农业文化遗产保护与发展研讨会举办。来自全国各地的50多位院士专家齐聚美丽的黄河故道生态旅游区，就古桑树群的开发与保护集聚智慧和力量，共商夏津桑产业发展的未来。

　　2014年12月：夏津黄河故道森林公园正式通过国家森林公园专家组评审，晋升为国家级森林公园，得到继"国家4A级景区"之后的又一张"国字号"名片，同时也成为德州首个国家级森林公园。

　　2008年至今：森林公园每年举办梨花节、葚果文化采摘节、金梨采摘节等旅游节庆活动，通过节庆活动扩大影响、提升人气，成功打造了"游黄河故道、品千年葚果"的生态旅游品牌。近几年，由于交通条件改善，效益突增，加上政策保护，古桑树群得以幸存，并且新植桑园又增万余亩。

1. 全球重要农业文化遗产

2002年，联合国粮农组织（FAO）发起了全球重要农业文化遗产（Globally Important Agricultural Heritage Systems, GIAHS）保护项目，旨在建立全球重要农业文化遗产及其有关的景观、生物多样性、知识和文化保护体系，并在世界范围内得到认可与保护，使之成为可持续管理的基础。

按照FAO的定义，GIAHS是"农村与其所处环境长期协同进化和动态适应下所形成的独特的土地利用系统和农业景观，这些系统与景观具有丰富的生物多样性，而且可以满足当地社会经济与文化发展的需要，有利于促进区域可持续发展。"

截至2017年3月底，全球共有16个国家的37项传统农业系统被列入GIAHS名录，其中11项在中国。

全球重要农业文化遗产（37项）

序号	区域	国家	系统名称	FAO批准年份
1	亚洲	中国	中国浙江青田稻鱼共生系统 Qingtian Rice–Fish Culture System, China	2005
2			中国云南红河哈尼稻作梯田系统 Honghe Hani Rice Terraces System, China	2010
3			中国江西万年稻作文化系统 Wannian Traditional Rice Culture System, China	2010

续表

序号	区域	国家	系统名称	FAO批准年份
4	亚洲	中国	中国贵州从江侗乡稻-鱼-鸭系统 Congjiang Dong's Rice–Fish–Duck System, China	2011
5			中国云南普洱古茶园与茶文化系统 Pu'er Traditional Tea Agrosystem, China	2012
6			中国内蒙古敖汉旱作农业系统 Aohan Dryland Farming System, China	2012
7			中国河北宣化城市传统葡萄园 Urban Agricultural Heritage of Xuanhua Grape Gardens, China	2013
8			中国浙江绍兴会稽山古香榧群 Shaoxing Kuaijishan Ancient Chinese *Torreya*, China	2013
9			中国陕西佳县古枣园 Jiaxian Traditional Chinese Date Gardens, China	2014
10			中国福建福州茉莉花与茶文化系统 Fuzhou Jasmine and Tea Culture System, China	2014
11			中国江苏兴化垛田传统农业系统 Xinghua Duotian Agrosystem, China	2014
12		菲律宾	菲律宾伊富高稻作梯田系统 Ifugao Rice Terraces, Philippines	2005
13		印度	印度藏红花农业系统 Saffron Heritage of Kashmir, India	2011
14			印度科拉普特传统农业系统 Traditional Agriculture Systems, India	2012
15			印度喀拉拉邦库塔纳德海平面下农耕文化系统 Kuttanad Below Sea Level Farming System, India	2013

续表

序号	区域	国家	系统名称	FAO批准年份
16	亚洲	日本	日本能登半岛山地与沿海乡村景观 Noto's Satoyama and Satoumi, Japan	2011
17			日本佐渡岛稻田-朱鹮共生系统 Sado's Satoyama in Harmony with Japanese Crested Ibis, Japan	2011
18			日本静冈传统茶-草复合系统 Traditional Tea-Grass Integrated System in Shizuoka, Japan	2013
19			日本大分国东半岛林-农-渔复合系统 Kunisaki Peninsula Usa Integrated Forestry, Agriculture and Fisheries System, Japan	2013
20			日本熊本阿苏可持续草地农业系统 Managing Aso Grasslands for Sustainable Agriculture, Japan	2013
21			日本岐阜长良川流域渔业系统 The Ayu of Nagara River System, Japan	2015
22			日本宫崎山地农林复合系统 Takachihogo-Shiibayama Mountainous Agriculture and Forestry System, Japan	2015
23			日本和歌山青梅种植系统 Minabe-Tanabe Ume System, Japan	2015
24		韩国	韩国济州岛石墙农业系统 Jeju Batdam Agricultural System, Korea	2014
25			韩国青山岛板石梯田农作系统 Traditional Gudeuljang Irrigated Rice Terraces in Cheongsando, Korea	2014
26		伊朗	伊朗喀山坎儿井灌溉系统 Qanat Irrigated Agricultural Heritage Systems of Kashan, Iran	2014

续表

序号	区域	国家	系统名称	FAO批准年份
27	亚洲	阿联酋	阿联酋艾尔与里瓦绿洲传统椰枣种植系统 Al Ain and Liwa Historical Date Palm Oases, the United Arab Emirates	2015
28		孟加拉	孟加拉国浮田农作系统 Floating Garden Agricultural System, Bangladesh	2015
29	非洲	阿尔及利亚	阿尔及利亚埃尔韦德绿洲农业系统 Ghout System, Algeria	2005
30		突尼斯	突尼斯加法萨绿洲农业系统 Gafsa Oases, Tunisia	2005
31		肯尼亚	肯尼亚马赛草原游牧系统 Oldonyonokie/Olkeri Maasai Pastoralist Heritage Site, Kenya	2008
32		坦桑尼亚	坦桑尼亚马赛游牧系统 Engaresero Maasai Pastoralist Heritage Area, Tanzania	2008
33			坦桑尼亚基哈巴农林复合系统 Shimbwe Juu Kihamba Agro-forestry Heritage Site, Tanzania	2008
34		摩洛哥	摩洛哥阿特拉斯山脉绿洲农业系统 Oases System in Atlas Mountains, Morocco	2011
35		埃及	埃及锡瓦绿洲椰枣生产系统 Dates Production System in Siwa Oasis, Egypt	2016
36	南美洲	秘鲁	秘鲁安第斯高原农业系统 Andean Agriculture, Peru	2005
37		智利	智利智鲁岛屿农业系统 Chiloé Agriculture, Chile	2005

2. 中国重要农业文化遗产

　　我国有着悠久灿烂的农耕文化历史，加上不同地区自然与人文的巨大差异，创造了种类繁多、特色明显、经济与生态价值高度统一的重要农业文化遗产。这些都是我国劳动人民凭借独特而多样的自然条件和他们的勤劳与智慧，创造出的农业文化的典范，蕴含着天人合一的哲学思想，具有较高的历史文化价值。农业部于2012年开始中国重要农业文化遗产发掘工作，旨在加强我国重要农业文化遗产的挖掘、保护、传承和利用，从而使中国成为世界上第一个开展国家级农业文化遗产评选与保护的国家。

　　中国重要农业文化遗产是指"人类与其所处环境长期协同发展中，创造并传承至今的独特的农业生产系统，这些系统具有丰富的农业生物多样性、传统知识与技术体系和独特的生态与文化景观等，对我国农业文化传承、农业可持续发展和农业功能拓展具有重要的科学价值和实践意义。"

　　截至2017年3月底，全国共有62个传统农业系统被认定为中国重要农业文化遗产。

中国重要农业文化遗产（62项）

序号	省份	系统名称	农业部批准年份
1	北京	北京平谷四座楼麻核桃生产系统	2015
2		北京京西稻作文化系统	2015
3	天津	天津滨海崔庄古冬枣园	2014
4	河北	河北宣化城市传统葡萄园	2013
5		河北宽城传统板栗栽培系统	2014
6		河北涉县旱作梯田系统	2014
7	内蒙古	内蒙古敖汉旱作农业系统	2013
8		内蒙古阿鲁科尔沁草原游牧系统	2014
9	辽宁	辽宁鞍山南果梨栽培系统	2013
10		辽宁宽甸柱参传统栽培体系	2013
11		辽宁桓仁京租稻栽培系统	2015

续表

序号	省份	系统名称	农业部批准年份
12	吉林	吉林延边苹果梨栽培系统	2015
13	黑龙江	黑龙江抚远赫哲族鱼文化系统	2015
14		黑龙江宁安响水稻作文化系统	2015
15	江苏	江苏兴化垛田传统农业系统	2013
16		江苏泰兴银杏栽培系统	2015
17	浙江	浙江青田稻鱼共生系统	2013
18		浙江绍兴会稽山古香榧群	2013
19		浙江杭州西湖龙井茶文化系统	2014
20		浙江湖州桑基鱼塘系统	2014
21		浙江庆元香菇文化系统	2014
22		浙江仙居杨梅栽培系统	2015
23		浙江云和梯田农业系统	2015
24	安徽	安徽寿县芍陂（安丰塘）及灌区农业系统	2015
25		安徽休宁山泉流水养鱼系统	2015
26	福建	福建福州茉莉花与茶文化系统	2013
27		福建尤溪联合梯田	2013
28		福建安溪铁观音茶文化系统	2014
29	江西	江西万年稻作文化系统	2013
30		江西崇义客家梯田系统	2014
31	山东	山东夏津黄河故道古桑树群	2014
32		山东枣庄古枣林	2015
33		山东乐陵枣林复合系统	2015
34	河南	河南灵宝川塬古枣林	2015
35	湖北	湖北赤壁羊楼洞砖茶文化系统	2014
36		湖北恩施玉露茶文化系统	2015

序号	省份	系统名称	农业部批准年份
37	湖南	湖南新化紫鹊界梯田	2013
38		湖南新晃侗藏红米种植系统	2014
39	广东	广东潮安凤凰单丛茶文化系统	2014
40	广西	广西龙胜龙脊梯田系统	2014
41		广西隆安壮族"那文化"稻作文化系统	2015
42	四川	四川江油辛夷花传统栽培体系	2014
43		四川苍溪雪梨栽培系统	2015
44		四川美姑苦荞栽培系统	2015
45	贵州	贵州从江侗乡稻-鱼-鸭系统	2013
46		贵州花溪古茶树与茶文化系统	2015
47	云南	云南红河哈尼稻作梯田系统	2013
48		云南普洱古茶园与茶文化系统	2013
49		云南漾濞核桃-作物复合系统	2013
50		云南广南八宝稻作生态系统	2014
51		云南剑川稻麦复种系统	2014
52		云南双江勐库古茶园与茶文化系统	2015
53	陕西	陕西佳县古枣园	2013
54	甘肃	甘肃皋兰什川古梨园	2013
55		甘肃迭部扎尕那农林牧复合系统	2013
56		甘肃岷县当归种植系统	2014
57		甘肃永登苦水玫瑰农作系统	2015
58	宁夏	宁夏灵武长枣种植系统	2014
59		宁夏中宁枸杞种植系统	2015
60	新疆	新疆吐鲁番坎儿井农业系统	2013
61		新疆哈密哈密瓜栽培与贡瓜文化系统	2014
62		新疆奇台旱作农业系统	2015